U0342108

锡青铜半固态流变成形

李永坤　周荣锋　著

北　京
冶金工业出版社
2023

内 容 提 要

本书全面、系统地介绍了锡青铜半固态流变成形过程中组织演变、元素分布及成形件的性能和热处理等内容。本书共分 5 章，主要包括熔体约束流动处理过程中组织演变及其形成机理、包晶温度类等温处理中组织演变及元素分布机理、流变成形组织均匀性控制和性能及轴套流变挤压成形及固溶处理。

本书可供从事铜合金成形研究的技术人员阅读，也可作为高等院校冶金、材料类专业本科生、研究生的教学参考书。

图书在版编目（CIP）数据

锡青铜半固态流变成形/李永坤，周荣锋著 . —北京：冶金工业出版社，2023. 10

ISBN 978-7-5024-9650-0

Ⅰ.①锡… Ⅱ.①李… ②周… Ⅲ.①锡青铜—成型—流变性质—研究 Ⅳ.①TG146. 1

中国国家版本馆 CIP 数据核字（2023）第 193688 号

锡青铜半固态流变成形

出版发行	冶金工业出版社	**电 话**	（010）64027926
地 址	北京市东城区嵩祝院北巷 39 号	**邮 编**	100009
网 址	www. mip1953. com	**电子信箱**	service@ mip1953. com

责任编辑 郭雅欣 美术编辑 吕欣童 版式设计 郑小利
责任校对 葛新霞 责任印制 禹 蕊
三河市双峰印刷装订有限公司印刷
2023 年 10 月第 1 版，2023 年 10 月第 1 次印刷
710mm×1000mm 1/16；15.25 印张；301 千字；234 页
定价 96. 00 元

投稿电话 （010）64027932 投稿信箱 tougao@ cnmip. com. cn
营销中心电话 （010）64044283
冶金工业出版社天猫旗舰店 yjgycbs. tmall. com
（本书如有印装质量问题，本社营销中心负责退换）

前　言

金属半固态加工是20世纪70年代初由美国麻省理工学院的Flemings教授等提出，由于其具有一系列独特的优点，在理论和技术研究及应用上均得到迅速发展，经历了基础研究、技术开发、设备研制、商业化生产等不同阶段。如今，中国、美国、日本和意大利等国使用半固态加工技术生产低熔点铝合金、镁合金成形件的产业发展迅速，国外有学者将该技术称为追求省能、省资源、产品高质量化、高性能化的21世纪最有前途的金属材料加工技术之一。

金属半固态加工技术的工艺路线主要有两条：一条是触变成形，即半固态浆料冷却凝固成坯料，然后根据产品尺寸下料，再重新加热到半固态温度后成形零部件；另一条是流变成形，即金属熔体冷却到半固态温度区间后直接成形为零部件。触变成形需要二次加热，工艺流程长、成本高，而流变成形工艺流程短、成本低，近年来成为国内外学者研究的热点。

铝合金、镁合金等低熔点合金半固态流变成形的成形件已在汽车、5G通信、航空航天等领域得到应用，而高熔点的铜合金半固态流变成形技术却少有报道。铸造锡青铜的锡含量为10% ~ 14%，具有高强、耐磨、耐蚀及良好弹性等特点，塑性差、硬度高但流动性好，有较好的铸造性能，满足20MPa以下重载、8m/s高滑动速度和高温并受强烈摩擦的工况要求，广泛用于制造高铁、船舶、航空等行业的轴套、连杆、轴瓦、涡轮等零部件。但液态成形过程中出现显微组织粗大、锡元素分布呈中间低、边部高的显著偏析趋势，严重时出现"锡汗"现象，影响零部件的服役性能，制约其在高性能要求领域中的应用。

半固态流变成形技术可细化锡青铜初生相组织，改善锡元素偏析现象，提高零部件综合性能。作者从事半固态加工技术研究十余年，对所做的锡青铜合金半固态流变成形内容进行系统总结，希望能为铜合金加工成形技术及相关领域的研发人员和技术人员提供参考。本书共分5章，第1章为绪论；第2章为熔体约束流动处理过程中组织演变及其形成机理；第 3 章为包晶温度类等温处理中组织演变及元素分布机理；第 4 章为 CuSn10P1 合金流变成形组织均匀性控制和性能研究；第 5 章为 CuSn10P1 合金轴套流变挤压成形及固溶处理。

本书由昆明理工大学李永坤和周荣锋撰写，其中李永坤撰写第 2 章、第 4 章和第 5 章，周荣锋撰写第 1 章和第 3 章；何子龙、李赵强、王乾思、谢凌志、张灵芝、闫路超、耿保玉、于向洋等博士、硕士研究生参与本书的部分研究工作、实验数据收集和书稿的整理工作，同时本书内容得到国家自然科学基金项目（51765026、52205373）的支持，作者在此一并表示衷心的感谢！

由于作者水平所限，书中不足之处，敬请读者批评指正。

作　者

2023 年 6 月于昆明

目　　录

1 绪 论

1.1 概 述

1.1.1 锡青铜的特点及其应用

锡青铜具有高强、耐磨、耐蚀及良好弹性等特点[1-3]，是常用的青铜合金。锡青铜分为变形锡青铜与铸造锡青铜[4]。变形锡青铜的锡含量不超过8%，因其又具有良好的塑性，适用于冷、热变形加工（锡含量低于5%时适用于冷变形加工，锡含量为5%~7%时适用于热变形加工），生产抗磁零件、化工管道配件、工程机械中等载荷与中等滑动速率下的耐磨耐蚀件、弹性元件及棒、带、板、管等型材[5-7]。铸造锡青铜的锡含量为10%~14%，塑性差、硬度高但流动性好，有较好的铸造性能，满足20MPa以下重载、8m/s高滑动速度和高温并受强烈摩擦的工况要求，广泛用于制造高铁、船舶、航空等行业的轴套、连杆、轴瓦、涡轮等零部件[8-12]。常见铜合金零件如图1.1所示。

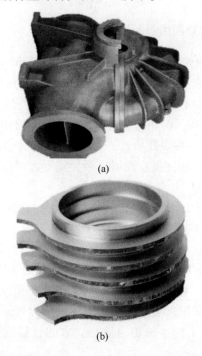

(a)

(b)

(c)

(d)

图 1.1 常见铜合金零件

1.1.2 铸造铜锡合金的凝固组织和形成

Cu-Sn 二元平衡相图如图 1.2(a)所示[13]。从 Cu-Sn 二元平衡相图可以发现，铸造铜锡合金发生的相变过程为 L→L+α→α→α+ε，室温组织由 α+ε 相组成，包晶反应 L+α→β 不会发生[3]。但实际凝固过程中，冷却速度相对较快，合金熔体受到激冷能力强，α 相区缩小[14]，相图中的固-液相线会发生偏移，偏移后的位置见图 1.2(a)中虚线所示[15]。铸造铜锡合金在实际凝固过程中会出现包晶反应和共析反应，相变反应变得复杂，使平衡凝固只出现 α 单相区的铜锡合金在铸态下也出现 δ 相。

在 Cu-Sn 二元合金中加入磷元素会使 α 相区急剧向三元相图的铜角缩小，且当磷元素的含量超过 0.3% 时会出现 Cu_3P 相[4]。当锡、磷含量均达到一定量时，Cu_3P 相与 α+δ 相形成 α+δ+Cu_3P 的三元相（含 Cu 8.07%、Sn 14.8%、P 4.5%），其熔点为 628℃，Cu-Sn-P 系铜角室温截面如图 1.2(b)所示，平衡凝固时发生的相变见式（1.1）~ 式（1.5）[13]。在非平衡凝固时，δ 相共析分解成 α 相和 ε 相的过程极为缓慢，实际凝固过程中极难出现 ε 相，因此凝固的最终显微组织为 α+（α+δ+Cu_3P）。α 相为面心立方的含锡铜基固溶体，晶格常数为

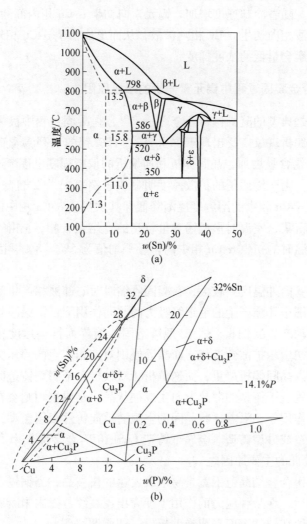

图 1.2　铜合金相图

（a）Cu-Sn 二元相图；（b）Cu-Sn-P 系铜角室温截面图

0.37053nm；δ 相是电子式为 $Cu_{31}Sn_8$ 的复杂立方晶格电子化合物，晶格常数为 1.7960nm，电子浓度为 21/13。

798℃时：　　　　$L + \alpha(13.5\% Sn) \Longleftrightarrow \beta(22\% Sn)$　　　　　　　　　　（1.1）

628℃时：　　　　$L + \alpha(15.8\% Sn) \Longleftrightarrow \beta(24.6\% Sn) + Cu_3P$　　　　（1.2）

586℃时：　　　　$\beta(24.6\% Sn) \Longleftrightarrow \gamma(25.4\% Sn) + \alpha(15.8\% Sn)$　　　（1.3）

520℃时：　　　　$\gamma(27\% Sn) \Longleftrightarrow \alpha(15.8\% Sn) + \delta(32.4\% Sn)$　　　　（1.4）

350℃时：　　　　$\delta(32.6\% Sn) \Longleftrightarrow \alpha(11.0\% Sn) + \varepsilon(37.8\% Sn)$　　　（1.5）

　　铸造铜锡合金在冷却速度快的实际凝固过程中，锡元素在初生 α-Cu 相中的固溶度会降低。随着冷却速度增加，锡元素向初生 α-Cu 相内部的扩散时间缩短，不能充分地从液相向初生 α-Cu 相内扩散，从而形成初生 α-Cu 相外层锡元素含量高、中心锡元素含量低的浓度梯度[16]。

1.1.3 铜锡合金凝固过程中锡元素偏析的形成原因

铜锡合金是典型的凝固偏析合金之一[9-10]，在凝固过程中极易产生晶间偏析和逆偏析，其偏析现象广泛出现于含 4.7% ~ 15% 锡的系列锡青铜连铸坯和铸锭中[17-20]。随着锡含量增加，晶间偏析和逆偏析的偏析程度也逐渐递增。在铜锡合金凝固过程中，由于锡原子的扩散速度明显快于铜原子[21]，且随着温度的降低，锡元素在初生 α-Cu 相中的溶解度逐渐降低，其从初生 α-Cu 相中向液相扩散造成液相中锡元素富集，室温时形成锡含量较高的低熔点 δ 相，δ 相的理论含锡量为 32.6%，而室温时的初生 α-Cu 相中锡含量平均值为 5% ~ 8%，因此形成了严重的晶间偏析。

由于铸件壁内外温度差较大，在凝固收缩时对心部液相产生静压力，且在表面壳层内晶间细小孔隙产生的毛细管吸力的共同作用下，富锡液相沿枝晶间通道向铸坯表层移动产生逆偏析[22]。砂型铸造固－液界面推进速度较慢，锡原子有充足的时间从初生相扩散到液相，而凝固慢则对液相产生的静压力小，因此，砂型铸造的铸件内晶间偏析严重，而逆偏析相对较轻。金属型铸造时，铸件内外温差较大，易沿垂直于铸型的散热方向生成柱状晶，富锡液相则会在凝固时体收缩引起的静压力作用下，沿着柱状晶间的空隙通道向铸件表层流动，增加逆偏析的程度。这也是造成砂型铸造、金属型铸造 CuSn10P1 合金伸长率[23-25]（分别只有 3% 和 2%）较低的主要原因之一。

另外，铜锡合金结晶范围宽且易形成发达的树枝晶，当铜锡合金铸件表面先凝固一层硬壳后，在某种应力的作用下硬壳出现裂纹，壳内未凝固的液态合金就会渗出硬壳而留在铸件表面形成逆偏析瘤，即所谓"锡汗"。

1.1.4 铜锡合金固溶热处理

固溶热处理是铜锡合金应用中的一个重要环节，对提高成形铸件性能具有重要意义，主要体现在提高铜锡合金零件的塑性、韧性及改善显微组织均匀性[26-30]。铜锡合金凝固时产生严重的晶间（晶内）偏析，且锡元素在铜中扩散速度缓慢，需要经过多次固溶热处理才能消除这种偏析，从而提高铸件的性能。

林国标等人[16]对 ZCuSn9Zn5Ni2 铜合金铸件在 600℃进行 4h 保温，然后进行空冷和水冷的固溶处理，发现两种方式都可以抑制 δ 相的再次形成（见图 1.3），减少 δ 相沿晶界的连续分布，提高合金的韧性。同时促进 δ 相中的锡元素和镍元素向初生 α 相中扩散产生固溶强化，提高合金的强度和伸长率，两种方式处理后铸件的抗拉强度、屈服强度和伸长率分别为330MPa、157MPa、21.2%和355MPa、164MPa、22%。

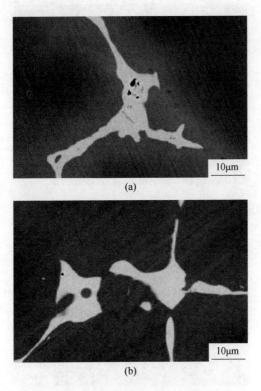

图1.3　合金中δ相放大图
（a）铸态；（b）热处理态（500℃，4h空冷）

张静[31]对ZQSn10-2合金在500℃、550℃和600℃进行4h固溶处理，发现随着固溶温度升高，δ相向初生α-Cu相内扩散，初生α-Cu相内锡元素的含量增加，产生严重的晶格畸变，使显微硬度HV从500℃时的115.1提高到600℃时的124.7。

陆常翁[32]采用（应力诱发熔体激活SIMA）法制备ZCuSn10合金半固态坯料并进行挤压铸造成形，然后对半固态挤压铸件在690℃保温100min后空冷，发现锡元素从α+δ相向初生α-Cu相扩散，改善了晶间偏析现象，性能得到提高，抗拉强度和伸长率分别从未热处理时的328.1MPa和16%提高到344.5MPa和17.7%。

张学等人[33]对ZCuSn10P1合金在630℃进行保温50min，然后分别空冷和水冷。热处理后的显微组织中δ相减少，锡元素从晶间组织扩散至初生α-Cu相内，提高了材料的塑性，改善了锡元素的晶间偏析现象和合金的冷热疲劳性能，

ZCuSn10P1 热处理前后 SEM 图谱如图 1.4 所示。

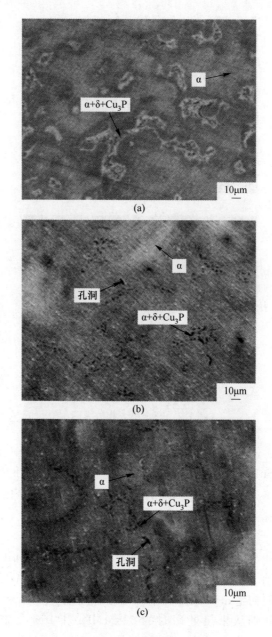

图 1.4 ZCuSn10P1 热处理前后 SEM 图谱

（a）铸态；（b）630℃空冷；（c）630℃水淬

综上所述，铜锡合金具有广泛的应用领域，但凝固组织具有严重的偏析现象，而偏析组织会使铸件耐腐蚀性能和冷热变形加工能力变差、强度及塑性降低，形成热裂的倾向增强。虽然可以通过多次长时间热处理改善晶间偏析现象，但无法改善逆偏析。铜锡合金的偏析现象限制其产品在高强高韧等高性能要求工况下使用，无法发挥其应有潜力。因此，对控制铜锡合金熔体的凝固过程进行研究，改善锡青铜产品的晶间偏析与逆偏析，简化热处理工艺，提高产品的强度、塑性及耐磨性等性能，对科学研究及工程应用具有重大价值。

1.2　铜锡合金凝固过程中锡元素偏析控制研究现状

铜锡合金在铸件中容易出现粗大枝晶、晶间偏析和逆偏析，导致铸件的强度低、塑性和耐磨性差，极大地限制了铜锡合金在实际工业中的应用[34-35]。如何改善铜锡合金中锡元素的晶间偏析和逆偏析，提高铜锡产品的综合性能，是铜锡合金在实际工业中得到广泛应用必须解决的关键问题之一。

1.2.1　工艺控制对铸件凝固过程中锡元素偏析的研究

合理控制工艺参数可以有效控制凝固过程中界面移动速度和移动方向，调控固–液界面推进速度与锡元素扩散速度之间的竞争关系，促使锡原子固溶于铜基体当中，减轻或抑制锡元素的偏析，提高合金的塑性，如连续铸造 CuSn10P1 合金的伸长率可以提高到 6%[23-25]。

冷却速度、铸锭的形状及尺寸等都会影响铜锡合金的显微组织形貌和偏析程度，采取一些措施使熔体成分均匀，加大二次冷却强度促使液穴浅平或结晶前沿过渡区的区域凝固，或给结晶器加石墨内衬等都可以细化显微组织、抑制晶间偏析和逆偏析[36]。

Liu 等人[12]采用自主研发的两相区连铸（TZCC）技术，研究 TZCC 工艺参数对 Cu-Sn4.7 合金板表面质量的影响，并分析了 TZCC 合金板的组织和力学性能。研究发现，合理协调熔体两相区进入模具口的温度与连铸速度，调控固液界面推进速度，形成沿连铸方向为主的柱状铜基单一固溶体，可以有效防止锡元素在连铸板坯表面的富集或偏析，从而抑制"锡汗"的形成，得到表面光滑无明显偏析的优良板材，如图 1.5 所示。TZCC 制备 Cu-Sn4.7 合金的微观组织由互串晶粒、自闭晶界的小晶粒、柱状晶粒和等轴晶粒组成。与冷模具连铸 Cu-Sn4.7 合金板相比，室温抗拉强度和伸长率都得到很大提高，TZCC 制备的 Cu-Sn4.7 合金板的抗拉强度和伸长率分别为 262.67MPa 和 52.57%，与冷模具连铸板材相比，抗拉强度和伸长率分别提高了 21.98% 和 65.47%。

Song 等人[37]研究了耐磨锡青铜 Cu-10Sn-4Ni-3Pb 合金在重力铸造和挤压铸造下合金的显微组织与偏析情况。重力铸造合金铸件密度低、性能差，显微组织

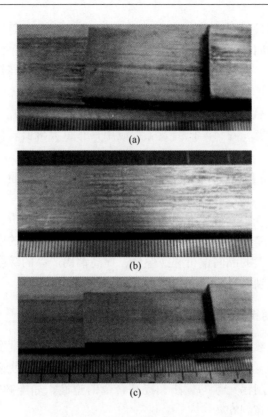

图 1.5 CuSn4.7 合金连铸板材表面质量
（a）刮伤；（b）锡热析；（c）光滑

为树枝晶且晶间偏析严重，如图 1.6 所示。而在 680MPa 压力下进行挤压铸造，合金熔体液相线降低，凝固时熔体过冷度增加，显微组织得到明显细化，且显微组织里的树枝晶基本消失，晶间偏析得到缓解，如图 1.7 所示。

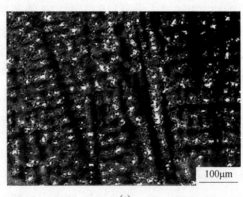

（a）

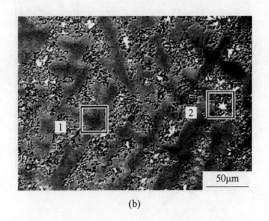

(b)

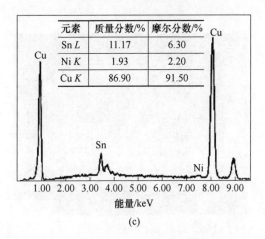

元素	质量分数/%	摩尔分数/%
Sn L	11.17	6.30
Ni K	1.93	2.20
Cu K	86.90	91.50

(c)

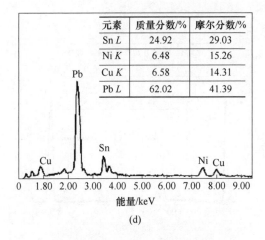

元素	质量分数/%	摩尔分数/%
Sn L	24.92	29.03
Ni K	6.48	15.26
Cu K	6.58	14.31
Pb L	62.02	41.39

(d)

图 1.6　重力铸造扫描图和能谱图

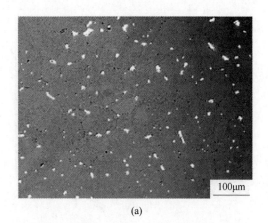

(a)

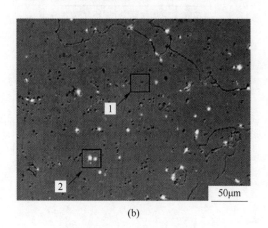

(b)

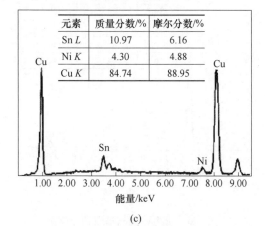

元素	质量分数/%	摩尔分数/%
Sn L	10.97	6.16
Ni K	4.30	4.88
Cu K	84.74	88.95

(c)

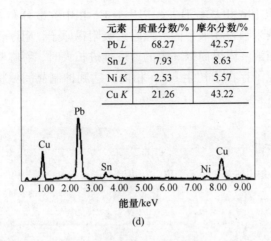

元素	质量分数/%	摩尔分数/%
Pb L	68.27	42.57
Sn L	7.93	8.63
Ni K	2.53	5.57
Cu K	21.26	43.22

(d)

图 1.7 挤压铸造扫描图和能谱

Zhai 等人[38]在 Cu-70% Sn 合金凝固过中施加一定功率的超声处理可以阻碍液态合金发生体积过冷，促进初生 ε 相（Cu_3Sn）快速形核，细化晶粒。超声处理诱导初生 ε 相晶粒的细化极大缩短了 $L + \varepsilon \rightarrow \eta$ 的包晶反应特征长度，促进甚至完成通常在常规凝固过程中只发生在有限范围内的包晶反应，增加锡元素在固相内的含量，缩小固－液相内锡元素含量差距，改善晶间偏析现象，提高力学性能，施加超声处理后，其抗压强度和显微硬度分别提高了 4.8 倍和 1.45 倍。

Kumoto 等人[39]研究冷却速率对 Cu-10% Sn 显微组织及锡偏析的影响。随着冷却速率的增加，显微组织的二次枝晶臂得到明显细化并且晶间偏析程度得到改善。对刚凝固的铸件进行淬火和空冷发现立即淬火的试样内锡元素来不及从初生相向液相扩散，被固溶在初生相内部，使晶间偏析得到有效抑制。

1.2.2 合金化对铸件凝固过程中锡元素偏析控制的研究

铜锡合金通常加入微量的铁[40-41]、锆[42-44]、铈[45-46]、镧[45-46]、镍[47]等元素来改善偏析。这些元素弥散分布在初生相晶界处或固溶在初生相内部，占据初生相内部或边界处的空位，使锡元素从初生相向周围液相扩散的通道变得复杂，并且阻碍锡元素从初生相内部向周围液相扩散的速度，促使锡元素在初生相内部的固溶度增大，降低其在晶间组织和初生相之间的浓度差，使晶间偏析得到改善，进而改善逆偏析现象。

铁在锡青铜中可以起到细化晶粒，阻碍锡元素从初生相向液相扩散的作用[4]。Chen 等人[40]采用 SEM、TEM、SAXA 及 APT 等手段，并结合 δ 相微观形貌的变化分析原位生成富铁纳米颗粒在 Cu-10Sn-2Zn 合金中的作用。发现在 Cu-10Sn-2Zn 合金中加入 1.5% Fe 和 0.5% Co 组成的 Cu-10Sn-2Zn-1.5Fe-0.5Co

合金后，显微组织中 δ 相基本消失，初生 α-Cu 相中弥散分布着大量的富铁相纳米颗粒，富铁相纳米颗粒在液－固界面附近吸附锡原子，阻断锡原子从液－固界面扩散到液体。当液－固界面以一定的速度推进长大时，吞噬吸附锡原子的富铁相纳米颗粒使锡原子存在于初生 α-Cu 相内，达到抑制晶间偏析的目的，其原理示意图如图 1.8 所示。

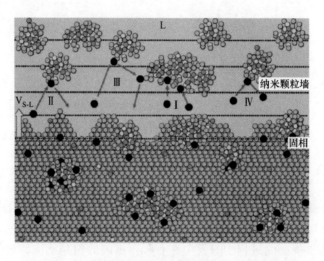

图 1.8　液－固界面附近密集分布的富铁相阻碍锡偏析原理图

　　Chen 等人[41]研究了 Cu-10Sn-2Zn(S1)合金和 Cu-10Sn-2Zn-1.5Fe(S2)合金显微组织和性能的区别，发现铁元素的加入可以有效地把初生相由粗大网状树枝晶细化成等轴晶且 δ 相基本消失，铁元素在初生相内形成富铁相纳米颗粒，对晶界起到钉扎的作用并且阻碍锡元素从初生相扩散到液相，阻碍初生相的长大并改善晶间偏析，达到增强增韧的效果，大幅度提高合金的抗拉强度（S1：220MPa，S2：483MPa）和伸长率（S1：9.9%，S2：29.3%），显微组织如图 1.9 所示。

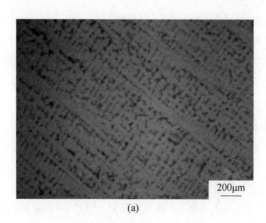

(a)

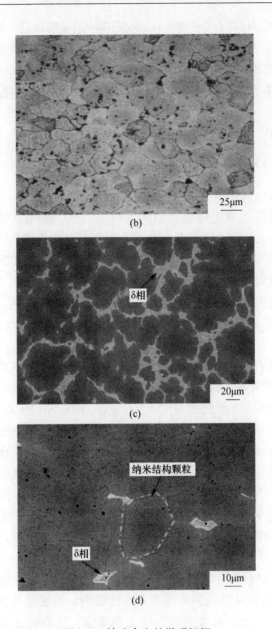

图 1.9　铸造合金的微观组织
（a）S1 合金金相组织；（b）S2 合金等轴晶扫描图；
（c）S1 合金扫描放大图；（d）S2 合金扫描放大图

　　Liu 等人[42]在 Cu-8% Sn 中添加微量的锆元素（0.04%），锆元素弥散分布在晶界处，阻碍锡元素从初生相内扩散到液相，改善晶间偏析现象，抑制热轧过程中裂纹的产生。

张静[31]在 ZQSn10-2 合金中添加 0.06% 的稀土元素铈后，铸件的显微组织得到明显细化，铈元素弥散分布在晶界周围，阻碍锡元素从初生相向液相扩散，提高锡元素在初生相内的固溶度，减小锡元素的微观偏析。

徐灏[47]在锡磷青铜 C5191 合金中加入不同含量镍元素，使初生 α-Cu 相形貌由针状转变成片状。镍元素的添加可以抑制 γ 相的形成，在添加量为 0.151% 时 γ 相最少，晶间偏析得到改善。

1.2.3 铸件凝固过程中逆偏析控制的研究

铜锡合金熔体在成形时，液相为富锡相，铸件充型完成后的凝固过程中，在铸件体收缩产生的压力和毛细管吸力的共同作用下，液相从铸件心部向表面流动，使铸件出现心部锡元素含量低而表面含量高的逆偏析现象[48-49]。选择合理铸造工艺和合金化，可以有效改善锡元素的逆偏析现象[49]。其因是增加晶粒数量和细化晶粒，一方面减少熔体凝固时的体积收缩，降低收缩压力；另一方面增加液相从铸件心部流向表面通道的复杂性，减小毛细管吸力作用。在降低收缩压力和毛细管吸力的共同作用下，抑制晶粒间液相的流动，改善铸件的逆偏析现象[48]。

在合金凝固过程中施加外场，有利于铜锡合金熔体内部温度的均匀和铸件壁上形成晶核游离到熔体的内部，使显微组织细化和逆偏析得到抑制[50-55]。Li 等人[50]研究了电磁场电流强度对 C90500（Cu-10% Sn-2% Zn）锡青铜凝固组织的影响。研究发现，随着电流强度的增大，宏观形貌先由柱状晶逐渐转变成粗大等轴晶再转变成细小等轴晶，显微组织由树枝晶转变成玫瑰晶；随着晶粒的细化，初生相之间构成的通道开始由柱状晶时的直通道变成等轴晶之间的复杂通道，阻碍合金在凝固时的液相由铸件中心向表面流动，抑制锡元素的反偏析。铸件的宏观组织如图 1.10 所示，电流强度对锡元素分布的影响如图 1.11 所示。晶间 δ 相形貌由尖锐的粗针状逐渐转变为点状，降低 δ 相对基体的割裂概率。

Li 等人[51]研究电磁场电流强度对连续铸造过程中 C51900（6% ~ 8% Sn、0.1% ~ 0.4% P）合金显微组织和元素分布的影响。发现电流强度对合金显微组织的影响具有一个阈值，只要电流强度达到阈值，就会明显改善合金的显微组织。施加 100A 的电流强度时，等轴晶占整个晶粒的比例超过 30%，而常规连续铸造中出现的微观组织分界线也消失，表明电磁场的施加打乱了晶粒沿散热方向定向生长的模式，使连续铸造板材中心的温度场、浓度场变得更加均匀，显微组织在生长过程中也更加均匀。未加电磁场时的平均晶粒尺寸约为 10mm，而施加 100A 电磁场时的平均晶粒尺寸为 1 ~ 3mm，随着晶粒的细化，锡元素和磷元素的宏观偏析也得到了极大的抑制，如图 1.12 所示。

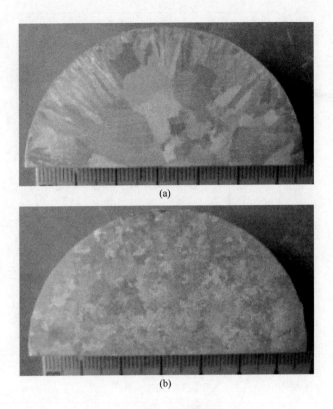

图 1.10　宏观组织

(a) 0A；(b) 100A

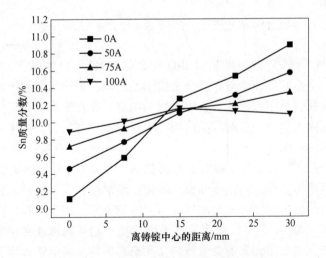

图 1.11　电流强度对锡元素分布的影响

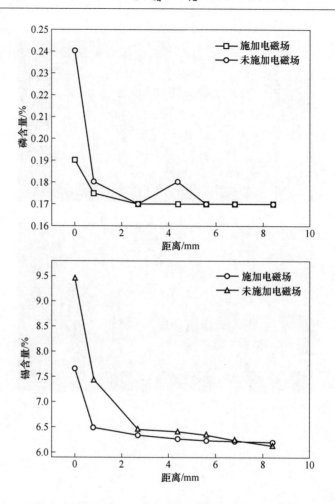

图 1.12　磷元素和锡元素沿着厚度方向上的含量变化

Belov 等人[52]研究凝固工艺对 BrO10C2N3（9%～11% Sn、2%～3.2% Pb、3%～4% Ni）合金共晶相的分布及合金组织的影响，采用附带超声波处理的组合铸模，且模具材料采用内部涂有石墨涂层的钢材，并在模具上部设置隔热层。合理的铸模与凝固工艺使合金的共晶组织减少且分布更加均匀，初生相得到明显的细化，锡元素的逆偏析得到改善。

Halvaee 等人[56]研究离心铸造工艺参数对 C92200 合金显微组织和偏析程度的影响。提高熔体处理起始温度和模具转速、增加晶粒及二次枝晶臂的尺寸会加重铅及锡元素的偏析程度；而提高结晶器的冷却速度、细化晶粒，则会抑制铅及锡元素的偏析。Alves 等人[57]采用等离子烧结技术制备锡青铜和铝青铜样品，发现在锡青铜样品表面锡元素的含量较高，而铝青铜样品表面铝元素低于心部，控制烧结工艺，可以有效改善宏观偏析现象。

吕琛等人[58]在 ZQSn7-0.2 锡青铜中加入微量的铈元素，发现铈在锡青铜中形成铈磷化合物，分布在晶粒内部与晶界处，阻碍晶粒的长大和锡元素的迁移，晶粒得到明显细化，逆偏析也得到有效改善。

综上所述，在铜锡合金凝固过程中合理地控制工艺参数、合金化或施加外场、锡元素扩散速度与固－液界面推进速度之间的关系等，通过细化晶粒，构建液相从铸件心部向表面流动的复杂通道，可以有效改善铜锡合金的晶间偏析或逆偏析现象。但是，铸造凝固过程中液－固界面的形态、方向、数量比较复杂，要在铸型中直接控制熔体复杂液－固界面的推进过程几乎难以实现，合金化也很难控制逆偏析现象，且金属回收提炼困难且成本增加。因此，施加外场可以制备简单的连铸棒材或管材等铸件，但成形复杂铸件受到极大限制。

1.3 半固态成形概述

在 20 世纪 70 年代初，Spencer 等人[59]在用流变仪进行热裂实验时第一次发现了合金的半固态行为。半固态合金受到剪切作用时，导致黏度下降，具有类似重油一样的流动性。根据半固态合金的这个特性开发出了半固态成形工艺[60]。与普通的加工方法相比，半固态成形工艺具有以下优点：

（1）应用范围广泛，凡具有固－液两相区的合金均可实现半固态成形。可适用于多种成形工艺，如铸造、挤压、锻压和焊接。

（2）半固态成形工艺充型平稳、无湍流和喷溅、加工温度低、凝固收缩小，因而铸件尺寸精度高。半固态成形件尺寸与成品零件几乎相同，极大地减少了机械加工量，可以做到少或无切屑加工。同时半固态成形工艺凝固时间短，有利于提高生产率。

（3）半固态合金已释放了部分结晶潜热，因而减轻了对成形装置，尤其是模具的热冲击，使其使用寿命大幅度提高。

（4）半固态成形件表面平整光滑，铸件内部组织致密，内部气孔和偏析等缺陷少、晶粒细小、力学性能高，可接近或达到变形材料的性能。

（5）应用半固态成形工艺可改善制备复合材料中非金属材料的漂浮、偏析及与金属基体不润湿的技术难题，这为复合材料的制备和成形提供了有利条件。

（6）与固态金属模锻相比，半固态成形工艺的流动应力显著降低，半固态模锻的成形速度更高，可以成形十分复杂的零件。

（7）节约能源。按生产单位质量零件为例，半固态成形与普通铝合金铸造相比，节能 35% 左右。

如何采用半固态技术生产高性能合金产品是现阶段的研究热点和前沿[61-62]，半固态成形件的质量主要受半固态合金原料及成形工艺两方面影响，因此研究的内容都分布在半固态浆料制备和成形工艺优化两大范围内（见图 1.13）。

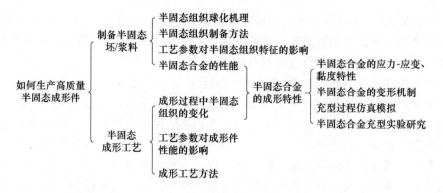

图 1.13　半固态成形的主要研究内容

1.3.1　半固态浆料制备的常见工艺

常见的半固态浆料制备方法主要有电磁搅拌法（MHD）、喷射沉积法（SD）、近液相线铸造、新型机械搅拌法（新 MIT 法）、半固态等温转变法（SSTT）等。

电磁搅拌法是采用搅拌电磁场来破碎枝晶组织获得半固态浆料，该方法不会对半固态浆料造成二次污染和卷气，也不会有机械搅拌法中存在的搅拌体被腐蚀等问题[63]，其搅拌原理如图 1.14 所示[73]。到目前为止，许多生产铝合金零部件的企业都采用电磁搅拌法制备半固态原材料。但该方法制备的半固态原料的组织均匀性较差、固相晶粒球化效果不好，通常呈蔷薇状。

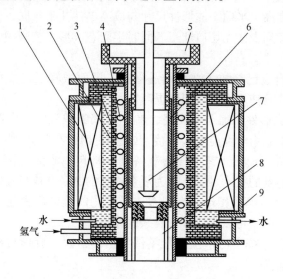

图 1.14　电磁搅拌制备半固态浆料

1—电磁搅拌器；2—冷却水套；3—隔热保温层；4—加热钼丝；5—浇口；
6—搅拌坩埚；7—塞杆；8—输送管道；9—外壳

喷射沉积是一种高成本的工艺，它能制备其他工艺无法制备的合金，比如 Si 含量超过 20% 的 Al-Si 合金[64]。喷射沉积包括两个步骤，金属熔液的雾化和雾化后金属小液滴的收集。喷射沉积制备的合金重新加热到半固态温度区间后非常适合触变成形，获得的产品组织细小均匀[65]。喷射沉积工艺及凝固机理如图 1.15 所示。

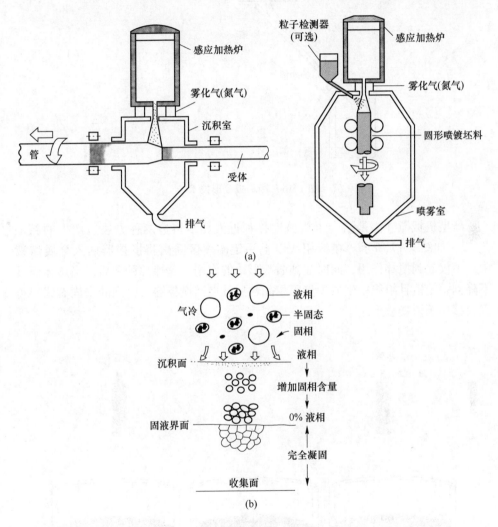

(a)

(b)

图 1.15　喷射铸造工艺中生产的两种不同安排（a）和喷射铸造工艺凝固机理（b）

近液相线铸造方法源于高温合金的低温浇注细化晶粒方法，在近液相线温度将金属倾倒进倾斜的金属坩埚或者冷却板上[66]，通过激冷形核生成大量固相晶粒，获得半固态浆料，如图 1.16 所示。由于温度接近液相线，因此组织中固相晶粒非常细小，常应用于镁合金、铝合金的流变铸造[67-72]。

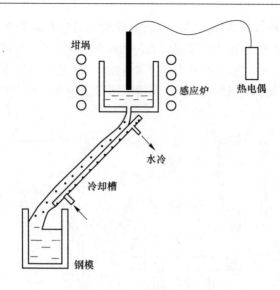

图 1.16 冷却板成形技术

新型机械搅拌法是结合了机械搅拌和近液相线铸造两种方法后产生的新工艺[74]，如图 1.17 所示。在液相线以上一定温度区间内将搅拌器插入金属熔液中，不仅起到搅拌作用，同时起到激冷形核的作用。搅拌几秒之后，当熔体温度下降到一定值且组织中生成少量固相晶粒后就撤回搅拌器，得到的半固态浆料可以直接用于流变成形。

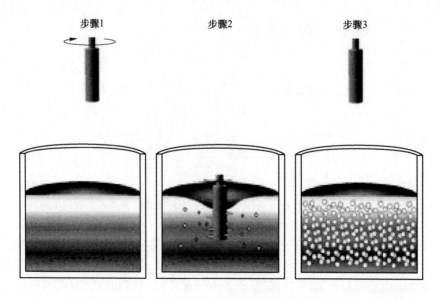

图 1.17 新 MIT 工艺制备半固态浆料

半固态等温转法是通过加热枝晶组织到半固态温度区间保温一段时间来获得半固态浆料[75]，该方法过程简单、成本低廉、易操作，但组织中固相晶粒粗大。

除此之外还有粉末冶金法、超声波振动法、单辊搅拌冷却法（SCR）、直管法、转动斜管法、阻尼冷却管法、波浪形倾斜板和多弯道蛇形管浇注法等[76-80]，图 1.18 为蛇形管浇注法示意图。由于半固态成形在工业上不断应用，还在继续出现新的半固态原料制备方法。

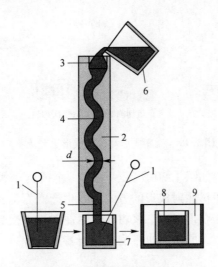

图 1.18　蛇形管浇注工艺

1—热电偶；2—蛇形管；3—浇杯；4—蛇形通道；5—引流管；6—熔体坩埚；

7—收集坩埚；8—半固态浆料；9—冷却水

1.3.2　半固态成形工艺及应用

根据半固态金属原料进入模具之前不同的处理方法，半固态金属成形技术可分为流变成形和触变成形，其工艺过程如图 1.19 所示，除此之外还有半固态快速成形[81]。流变成形是半固态原料制备后直接成形，不需要经过中间凝固过程，主要包括流变压铸、流变注射。触变成形主要包括触变注射、触变压铸及触变锻造，除了触变注射工艺，触变成形时半固态浆料制备后通常需要完全凝固，使用时重新加热得到半固态浆料再用于成形。

流变压铸是指金属熔液冷却到半固态温度区间后，直接压铸到模具中成形。通过机械搅拌法、近液相线刺激形核（NRC）法[67-68]可以为流变压铸提供非枝晶组织的半固态浆料。比如 Hitachi 公司甚至在注射料筒内直接进行电磁搅拌获得半固态浆料来生产电子产品外壳及骨架[82]。

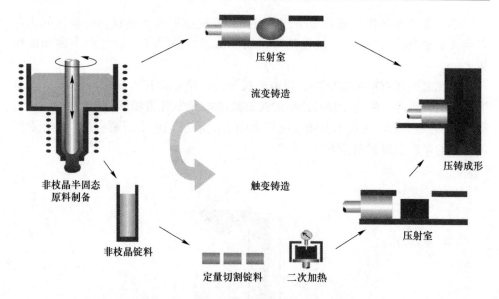

图 1.19　流变成形和触变成形工艺流程图

　　流变注射成形装置如图 1.20 所示，采用一个或两个螺杆的注射机器，对半固态浆料采用类似于塑料注射成形的方式进行生产[83-86]。液态金属浇入料筒后由旋转螺杆进行机械搅拌获得半固态浆料，然后注射进入模具型腔。该种方法特别适用于大规模连续生产，原材料也不需要进行特殊处理。

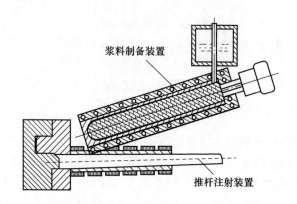

图 1.20　双螺杆机械搅拌流变注射成形装置

　　触变注射是美国 Dow Chemical 公司开发的技术，1992 年由日本制钢所引入并完成成形机的研制工作，已成为目前半固态加工领域中最成功、应用最广泛的技术之一[87-88]。日本和美国企业采用触变注射生产镁合金零部件的典型生产过程如图 1.21 所示。同流变注射不同，触变注射料筒中搅拌的不是金属熔体，而是镁合金微粒，通过螺杆搅拌产生的剪切和料筒外部加热装置提供的能量将镁合金微粒制备为半固态浆料，再通过螺杆剪切获得球化的固相晶粒，然后注射到模具中成形。该工艺成形件的收缩和变形小、尺寸精度和致密度较高，可精密成形薄壁件，已经成功量产了间距为 0.25mm、厚度为 0.35mm 的集成电路芯片散热板。但这种方法只能应用于镁合金，对与铝合金等硬度更高的材料不适用，因为料筒和螺杆无法承受高强度的冲击和磨损。虽然很多企业想努力解决这个问题，但至今依然没有找到有效的方法。

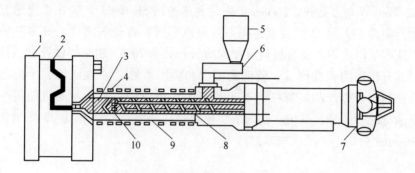

图 1.21　触变注射工艺

1—模具架；2—模型；3—半固态镁合金累积器；4—加热器；5—镁粒料斗；6—给料器；
7—旋转驱动及注射系统；8—螺旋给进器；9—筒体；10—单向阀

在触变压铸时，合金最初是固相的，然后经过一定处理并重新加热得到半固态状态，获得的非枝晶组织用于压铸，其组织液相分数超过 50%。流变压铸、触变压铸和触变锻造工艺过程的区别如图 1.22 所示[89]。

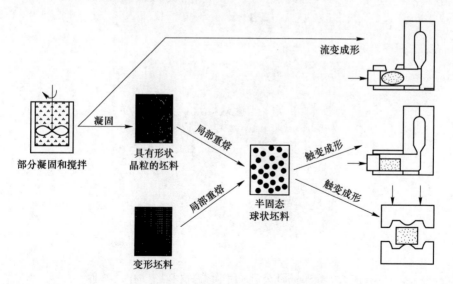

流变成形

凝固

部分凝固和搅拌

具有形状晶粒的坯料

局部重熔

变形坯料

局部重熔

半固态球状坯料

触变成形

触变成形

图 1.22　不同半固态成形工艺间的区别

　　触变锻造通常是指将重新加热到固液温度区间的半固态坯料放置锻模中，通过锻打得到最后的产品[90]。但成形终端设备不同，半固态触变锻造通常涵盖了半固态挤压、半固态轧制等；触变锻造因为不需要通过流道，半固态坯料直接进入模具，减少了原料的损耗。触变锻造采用的半固态原料液相分数通常为 30% ~ 50%。

　　美国在半固态成形应用上处于全球领先地位，从 20 世纪 80 年代开始就采用半固态成形技术生成了大量自行车、摩托车及汽车铝合金配件[87-88,91-95]，包括 Bendix、Ford 等众多品牌。Formcast 公司利用英国 Sheffield 大学立式成形方法专利技术，购买 377、642 铜合金半固态浆料成形汽车带轮等零件，其中一种利用半固态技术生产的铝基复合材料可加入质量分数为 20% ~ 50% 的铍颗粒，这种复合材料具有较高的弹性模量、较低的密度和膨胀系数[94]。在欧洲，半固态成形工艺生产的铝合金产品同样在汽车上得到了广泛应用，包括发动机油料注射挡块、燃油分配管、悬挂系统、转向节及发动机托架等[96-101]，图 1.23 所示为意大利的 Stampal 公司生产的汽车零部件[92]。

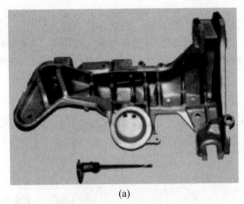

(a)

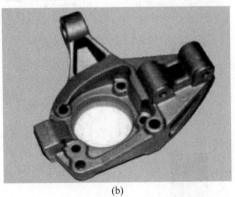

(b)

图 1.23　Stampal 公司采用半固态技术生产的汽车零件

(a) 悬挂；(b) 转向节

日本在 1980 年后，由三菱重工、川崎制铁、神户制钢、古河电气等 14 家企业和 4 家有色金属公司联合成立 Rheotech 公司，对半固态技术进行了系统研究，包括原材料开发、流变性能及成形技术[102]。目前，日本一些公司的半固态成形技术已经进入工业化阶段，可以采用镁合金触变成形技术生产笔记本电脑框架和其他电子产品零件[103]。

我国从 20 世纪 80 年代后期开始，东南大学、北京科技大学、清华大学、中国有研科技集团、哈尔滨工业大学等单位相继开展半固态成形工艺的基础理论和应用研究，取得了一定进展。东南大学采用旋转永磁体法制备出半固态锌铝合金锭坯。北京科技大学等单位合作组建了半固态铝合金触变成形生产线，采用电磁搅拌制备半固态铝合金浆料，并成功连续铸造出直径为 $\phi50 \sim \phi80mm$、长度 $1000 \sim 3000mm$ 的球状晶粒 AlSi7Mg 棒材，也通过坯料重熔和触变成形实验，试制成功了汽车制动泵壳及其他零件[104]。清华大学与上海通用汽车公司合作，开发出了 SGMBuick 铝合金从动轮支架半固态压铸件；与山西恒裕铝业有限公司合作开发出汽车和摩托车零件。中国有研科技集团制备出 $\phi60 \sim 110mm$ 的 ZL108、A357 等半固态铝合金棒坯，并与东风汽车公司合作生产出汽车空压机连杆等零件[105]。华中科技大学研制了集半固态浆料制备、输送和注射成形于一体的半固态镁合金流变注射成形机，产品力学性能较普通压铸件提高 20%。但我国至今还没有一家具有一定规模的半固态技术生产厂家，与国际先进水平差距还很大。

总的来说，半固态成形技术在铝合金、镁合金上应用比较多，A356、A357、A319、A380 及 A390 等铝合金常用于半固态铸造，而 2024、3004、4032、6061、6082 及 7075 等铝合金则用于半固态锻造。镁合金作为一种密度低、熔点低的合金，非常适合进行半固态成形，其中 AZ31、AZ61、AZ80、AZ81、AZ91D、AM50、AM60、AM70 及 AM90 应用于流变压铸、连续流变挤压、触变注射、触变压铸与触变锻造等半固态成形工艺[106]。钢铁材料由于熔点较高，半固态浆料的制备比较困难，且模具使用寿命较低，使半固态浆料在成形时易产生多种缺陷。目前，国内外对弹簧钢 60Si2Mn、不锈钢 1Cr18Ni9Ti、高速钢 M2、高铬铸铁等材料的半固态成形开展了一些研究工作，但离工业应用还有距离[107-122]。

1.3.3　半固态成形工艺的特点

半固态浆料与传统熔融的液态金属相比，组织为液相包裹初生固相等轴晶或球状晶，正是因此，半固态金属成形技术才具有传统成形技术所不具备的一系列的优点[123-130]：（1）半固态成形过程中，由于组织内初生固相存在不易发生喷溅，因此组织晶粒细小；（2）液相比例远低于常规铸造，减少了缩孔、缩松，显著提高零件的致密度；（3）成形件力学性能超过铸造件，接近锻件；生产效率高、节约生产成本、缩短生产周期；（4）充型过程平稳，不易卷气，产品收缩量小，在生产薄壁零件时容易控制产品外形，并且能够应用于高强度可热处理的合金。相比常规液态压铸，半固态成形温度低，减小了对模具的热冲击；相比常规压力成形，半固态成形变形抗力小，减小了设备及模具的负荷。因此，半固态成形可以延长模具寿命，并且可以使用非常规材料的模具进行生产，并能成形其他工艺无法加工的高熔点金属，如工具钢、铜合金、钨铬钴合金等[107]；凝固收缩率小，可以实现近净成形，减少机械加工成本和材料损耗；半固态金属的熔化只需要将金属加热到半固态重熔温度区间，比液态成形加热到液相线以上温度低很多，可以较大程度地节约能源；半固态金属的黏度高，还可以在熔体中加入适当的增强材料，为制备性能良好的新型复合材料提供了可能，开辟了与传统制备方法迥异的新途径。

　　但是，半固态成形技术也存在缺点，主要包括如下几个方面：（1）新产品的工艺研发过程长，相比传统工艺对工人技术水平要求更高；（2）原材料固相分数及黏度特性的温度依赖性强，生产过程中工艺参数控制精度要求高；（3）高熔点合金的半固态浆料制备、运输难度大，如机械搅拌法制备半固态浆料时，搅拌棒与合金熔体相互接触导致搅拌棒易损耗；（4）采用半固态成形技术对金属有一定要求，主要适合固液温度区间较宽的合金，固液温度区间较窄的合金不适合采用半固态成形。因此，半固态成形技术存在其一定的局限性，不能完全代替传统成形方法；成形过程中组织控制要求高，固液分离现象可能造成产品成分和组织不均匀，影响产品性能。

1.4　半固态成形技术控制铜锡合金偏析的可行性分析

1.4.1　铜锡合金锡元素偏析的控制

　　铸造铜锡合金的偏析问题限制了其铸件在高强高韧等高性能要求的工况下使用[108-117]，抑制晶间偏析和逆偏析常用的主要思路如图1.24所示。通过锡元素扩散与固液界面推进速度之间的竞争，增加锡元素在初生相内的固溶度，降低初生相与液相之间的锡元素含量差距，达到改善晶间偏析的目的；通过细化晶粒，构建液相从铸件心部向表面迁移的复杂通道，同时降低铸件凝固时的收缩压力和毛细管吸力，抑制锡元素从铸件中心向表层流动，可以达到改善逆偏析的目的。目前主要通过单一方法同时改善晶间偏析和逆偏析，难度系数较大，如果把晶间偏析和逆偏析分别控制，在改善晶间偏析时细化晶粒，为后续逆偏析控制提供良好基础，有望获得晶间偏析和逆偏析同时改善的复杂铸件。

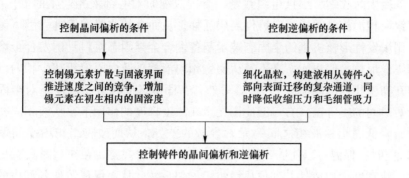

图 1.24 控制铸件晶间偏析和逆偏析的思路

1.4.2 半固态成形技术控制锡偏析的可行性及优势

半固态技术被誉为 21 世纪最有发展前景的绿色制造技术之一[118]，具有净形或近净成形、高效、高密度及高产品率等特点，有效减少零部件质量、相关材料成本、机加工成本及最终成形成本，对于大部分常用合金而言，半固态成形技术具有显著降低零部件生产成本的潜力[119-122]。

半固态技术改善晶间偏析和逆偏析的可行性技术路线如图 1.25 所示。半固态成形技术最显著的特征是液相中悬浮一定比例固相颗粒和显微组织且为非枝晶（蠕虫状晶、等轴晶、近球状晶或球状晶等）组织[123-125]。由于半固态浆料中显微组织形貌的特点，从铸件心部到表面的固相颗粒之间的液相通道变得更加复杂，富锡元素的液相在凝固过程中从铸件心部向铸件表面的流动变得更加困难。另外，半固态浆料是具有一定比例固相的固液混合物，充型以层流形式流动，充

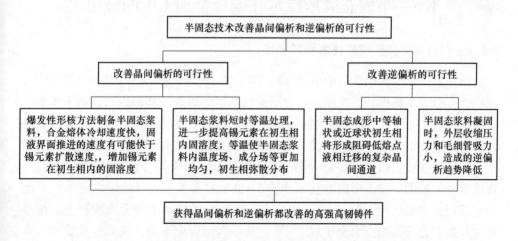

图 1.25 半固态技术改善晶间偏析和逆偏析的可行性技术路线

型平稳，凝固时收缩率小且组织致密，凝固收缩时对心部液相产生的静压力小，抑制富锡液相沿枝晶间通道向铸件表层迁移，从而有效改善逆偏析[56,126-128]。

采用爆发性形核机制的半固态技术制备铜合金半固态浆料，诱发合金熔体中初生相爆发形核，使锡元素来不及从初生相向液相扩散而固溶于初生相内，增加锡元素在初生相内的固溶度[129-130]。另外，在固液区间内合适温度下对半固态浆料进行短时间的类等温，有可能使锡元素在浓度梯度的作用下，从液相向初生相中扩散，降低固相和液相之间锡元素含量的差异，从而改善组织内晶间偏析现象[131]。同时，保温可以使固相颗粒熟化，变得更加规整，在充型时具有更好的固液协同流动性，使铸件各部位显微组织均匀一致，从而保证铸件各部位的性能也具有良好的一致性[132-137]。

此外，半固态金属成形技术的浇注温度低，对模具的热冲击和模具表面的热冲蚀作用小，可以大幅度提高模具的使用寿命；半固态浆料中存在一定比例的固相，有利于改善铜锡合金成形时金属液喷溅问题，且凝固速度快，有助于提高生产效率和缩短生产周期[138-140]。

综上所述，半固态成形技术在制浆过程中可以细化初生相，增加锡元素在初生相内的含量，再结合短时间类等温处理，使锡元素从高浓度液相向初生相扩散，进一步增加锡元素在初生相内的固溶度，进而改善晶间偏析；另外，晶粒的细化可以构建液相从铸件中心向表层流动的复杂通道，同时半固态浆料中含有一定比例的固相颗粒，凝固时体收缩压力小，从而抑制逆偏析。因此，半固态成形技术有望同时改善铸造铜锡合金的晶间偏析和逆偏析，获得高强高韧的复杂铸件。

1.5   半固态成形技术在铜合金加工中的应用

1.5.1   铜合金半固态成形技术研究现状

铜元素位于元素周期表中第 29 位，属于第 IB 族，相对原子质量为 63.546，在固态下原子规则排列，为面心立方结构，纯铜的熔点为 1083.4℃，属于典型的高熔点有色金属[141]。常见铸造铜及铜合金室温力学性能见表 1.1[23]，其性能普遍偏低。铜合金的加工技术对其发展和应用起着至关重要的作用，先进的成形技术可以细化显微组织，提高铜合金产品综合性能，扩大铜合金产品的应用领域，促进工业发展的进步。半固态技术作为 21 世纪最有发展前景的绿色制造技术之一，其研究对象已由 SnPb 合金、铝合金、镁合金等低熔点合金向铜合金、钢基合金、钛合金等高熔点合金扩展[142-143]。其中，铜合金半固态成形技术受到国内外学者的广泛研究。

表 1.1 铸造铜及铜合金室温力学性能

合金牌号	抗拉强度 δ_b/MPa	屈服强度 $\delta_{0.2}$/MPa	伸长率/%	布氏硬度 HBW
ZCu99	150	40	40	40
ZCuSn3Zn11Pb4	175	—	8	60
ZCuSn5Pb5Zn5	200	90	13	60
ZCuSn10P1	220	130	3	80
ZCuSn10Zn2	240	120	12	70
ZCuPb10Sn5	180	80	7	65
ZCuPb20Sn5	150	60	5	45
ZCuAl10Fe3	490	180	13	100
ZCuAl8Mn13Fe3	600	270	15	160
ZCuZn38	295	95	30	60
ZCuZn40Mn3Fe1	440	—	18	100
ZCuNi10Fe1Mn1	310	170	20	100

国外从 20 世纪 70 年代就开始了铜合金半固态成形技术的研究。Young K P 等人[144]采用机械搅拌法制备了 C905 (Cu-10%Sn-2%Zn) 合金的半固态浆料，初生相的直径约为 100μm，并采用高温连续流变铸造装置成功制备出铜合金产品。Anon[145]介绍了半固态触变成形技术，采用电磁搅拌工艺制备铜合金半固态浆料并进行压铸成形，研究了浆料温度、体积分数及压铸速度等工艺条件对产品显微组织和性能的影响。

T. Kose 等人[129]采用如图 1.26(a)(b)所示的装置制备 CuSn10P0.2 合金半固态浆料并挤压成形，发现冷却转轮速度为 150min 时初生相分布最为均匀且细小。成形时模具温度的增加有利于抑制共晶组织的形成，降低共晶组织对初生相的割裂作用，提高零件的强度与塑性，且锡元素的偏析程度越低，半固态高压铸造的抗拉强度和伸长率比传统铸造的抗拉强度和伸长率都得到了提高。如图 1.26(c)所示。T. Motegi 等人[146]采用敞开式倾斜冷却板法制备了锡元素含量为 0.5% ~ 8% 的锡青铜合金半固态浆料，发现随着锡含量的增加，显微组织逐渐细小，如图 1.27 所示。得出在液相线以上 30℃、倾斜角度为 60°时可以获得最佳的半固态浆料。

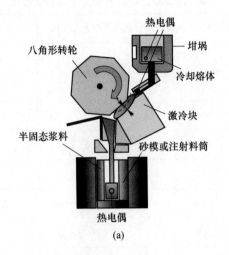

(a)

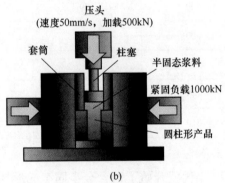

(b)

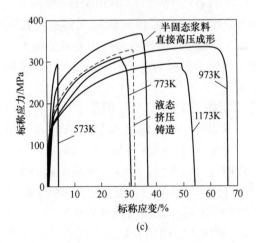

(c)

图 1.26 设备示意图及性能

(a) 浆料制备装置；(b) 流变铸造；(c) 不同模温下的性能

图 1.27 锡含量对 Cu-Sn 合金显微组织的影响

(a) 0.5%Sn; (b) 3.0%Sn; (c) 6.0%Sn; (d) 8.0%Sn

美国铜业等公司采用 SMIA 法制备 C642、C377 及 C905 铜合金的半固态浆料并成形，产品表面质量好且节约成本 34% ~ 54%[147]。在 2001 年和 2002 年，Vforge 公司研发了 C37700、C64200 及 C90500 等铜合金的半固态成形，与传统成形技术相比，采用半固态成形技术制备的产品有更高硬度和更好的耐磨性。Brown 等人[148]介绍了铜合金半固态成形过程中组织的演变，并探讨了半固态成形铜合金的变形和断裂机制。

K. H. Choe 等人[149]把 C86300 铜合金在 1000℃ 直接浇入预热到 300℃ 的模具内，让其自然冷却，待固相率达到 50% 时直接进行锻造。由于半固态锻造温度低、传热快，半固态坯料锻造的零件比传统锻造或重力铸造零件的组织细小且致密，抗拉强度和屈服强度都得到了提高，但伸长率略有降低，其性能如图 1.28 所示。

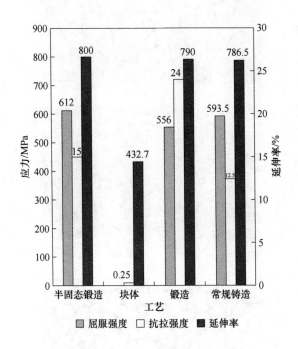

图 1.28　高强铜各种工艺性能

与国外相比，我国开展铜合金半固态成形技术的研究较晚，目前还处于基础研究阶段。万正东[150]和杨湘杰[151]等人采用剪切低温浇注制浆方法制备 Cu-Ca 合金半固态浆料，研究工艺参数及等温处理对合金显微组织的影响。左世斌[152]采用冷却斜槽法制备 CuPb10 合金半固态浆料，在浇注温度为 650℃、斜槽长度为 700mm 和斜槽角度为 35°时可制备近球晶且尺寸细小的半固态浆料。在冷却斜槽外附加电磁场，电磁－斜槽复合法制备的半固态浆料显微组织比单独冷却斜槽法更加细小，且可以改善 CuPb10 合金的重力偏析现象。不同电磁力作用位置下 AlSi9Cu3 合金半固态的微观组织如图 1.29 所示。

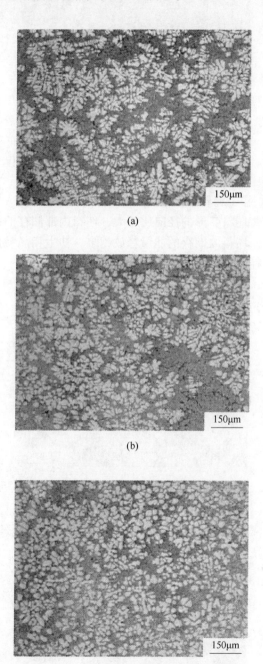

(a)

(b)

(c)

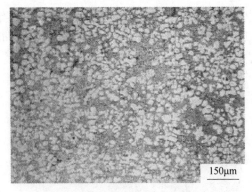

(d)

图 1.29   不同电磁力作用位置下 AlSi9Cu3 合金半固态的微观组织
(a) 无磁场；(b) 700mm；(c) 400mm；(d) 100mm

Cao 等人[153]采用（旋转锻造应变诱导熔体活化 RSSIMA）方法制备 C5191 铜合金半固态浆料，坯料变形的径向比越大，坯料内部储存的能量越多，在相同温度和保温时间下，坯料内储存的能量释放越多，初生相晶粒尺寸越小，合金试样的硬度随着变形径向比的增加而增大，如图 1.30 所示。

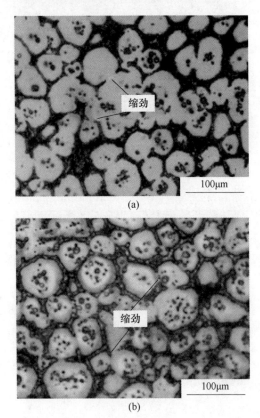

(a)

(b)

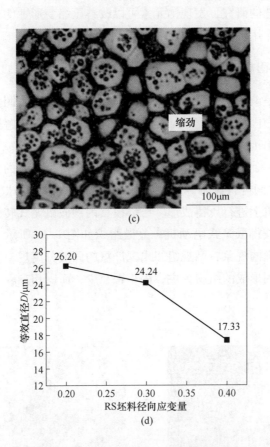

图 1.30 旋转型锻 C5191 铜合金加热至 985℃保温 6min 的显微组织

(a) 径向应变为 0.2 的样品；(b) 径向应变为 0.3 的样品；(c) 径向应变为 0.4 的样品；

(d) 具有各种 RS 径向应变的样品中初生相的等效直径

Yi 等人[154]采用应力诱发熔体激活法（SIMA）法制备 Cu-Ca 合金的半固态浆料，研究了钙和预变形量对半固态浆料显微组织和电导率的影响。Jia L 等人[155]按 12：1 的比例对 Cu-Ni-Si 合金进行预变形然后保温处理，当保温温度恒定时，在保温 1h 内导电性急剧下降，然后随时间延长变化不大；而保温时间恒定时，1000℃的导电性最好，900℃次之，950℃时最差。

李银华等人[156]在 Gleeble-1500D 热力模拟试验机上对 Cu-Ni-Si-P 合金和 Cu-Ni-Si-Ag 合金进行等温半固态压缩试验，发现变形速率越小、变形温度越高，合金内部越容易发生动态再结晶；变形温度越高，合金内部的动态再结晶越多，组织越均匀细小。刘勇等人[157]在 Cu-Ni-Si 合金中添加不同微量的铈元素和硼元素，采用 Gleeble1500 热模拟机对添加铈元素和硼元素的半固态 Cu-Ni-Si 合金进行了压缩变形工艺的研究，发现铈元素可以改善压缩变形性能，而硼元素则会对压缩变形起阻碍作用。

1.5.2　铜合金半固态挤压铸造零件的组织均匀性

半固态浆料是液相中悬浮一定比例的固相颗粒，充型时固液协同流动。而铜合金半固态浆料中固相晶粒骨架结构强度高，固相晶粒骨架解聚所需的变形量大，充型时容易出现固液分离现象[158-159]。

S. Y. Lee 等人[160]对 Cu-0.5% Ca 合金进行 10%～15% 的室温压缩变形，并在 970～1050℃之间进行保温，依照 SIMA 法机制获得具有球状晶的高固相半固态浆料并在压铸机上进行压铸成形。压铸模具内镶嵌鼠笼式转子，铜合金半固态浆料与转子结合获得鼠笼式电动机，显微组织如图 1.31 所示。可以看出，宏观上存在明显充不满的现象，微观组织出现严重的固液分离现象，充型前端液相流动快，以液相凝固形成的组织为主，固相颗粒少，而固相颗粒滞后导致充型末端固相颗粒较多。

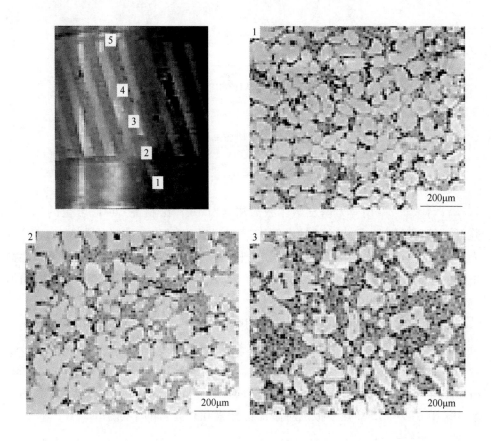

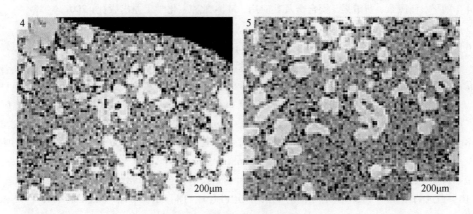

图 1.31　鼠笼式电机微观组织

邵博等人[161]采用 SIMA 法制备高固相 QSn7-0.2 铜合金半固态浆料并挤压成形空压机斜盘用双 T 形零件。保温温度 940℃、保温时间 60min 和挤压速度 10mm/s 为最优半固态挤压成形工艺，此时冲头区和铸件中部组织均匀，而铸件前端组织均匀性较差。陈泽邦[162]采用 SIMA 制备高固相 ZCuSn10P1 合金半固态浆料，并挤压成形轴套零件，轴套各部位显微组织均匀性较差，在模具内部设计弹簧挡圈约束半固态浆料的流动并增加固液协同流动性，使轴套各个部位显微组织均匀性得到极大改善。

张岩峰[163]采用转棒诱导形核法制备低固相 CuSn10 合金半固态浆料并成形法兰件。半固态浆料中固相率低，充型时液相容易带动固相颗粒同时充型，法兰件各个部位显微组织比较均匀。

综上所述，目前铜合金半固态成形技术的研究主要集中在晶粒细化、提高模具寿命等方面，而采用半固态成形技术解决铜锡合金中锡元素偏析问题的研究比较少。另外，铜合金半固态成形技术主要以制备高固相的 SIMA 法、RSSIMA 等触变成形技术为主，充型时容易产生固液分离，铸件显微组织均匀性较差，且成形大件、复杂件困难。因此，迫切需要开发一种短流程、高效率的半固态流变成形技术，制备无/低晶间偏析和逆偏析、组织均匀和性能稳定的铜合金铸件，满足高强高韧等性能的工业使用要求。

参 考 文 献

[1] 谢水生，李华清，李周，等. 铜及铜合金产品生产技术与装备 [M]. 长沙：中南大学出版社，2014.

[2] 刘培兴，刘晓瑭，刘华鼐. 铜与铜合金加工手册 [M]. 北京：化学工业出版社，2008.

[3] KOHLER F, CAMPANELLA T, NAKANISHI S, RAPPAZ M. Application of single pan thermal analysis to Cu-Sn peritectic alloys [J]. Acta Materialia, 2008, 56(7): 1519-1528.

[4] 刘平, 任凤章, 贾淑果. 铜合金及其应用 [M]. 北京: 化学工业出版社, 2007.

[5] 王强松. 铜及铜合金开发与应用 [M]. 北京: 冶金工业出版社, 2013.

[6] PETERS D T, KUNDIG K J A. Selecting copper and copper alloys, Part Ⅱ: Cast products [J]. Advanced Materials and Processes, 1994, 145(6): 31-37.

[7] KAWABE A, SUZUKI S. Guidelines for the selection of corrosion-resistant non-ferrous metals Ⅱ: Copper and copper alloy [J]. Journal of the Japan Society for Testing Materials, 2014, 63(1): 57-62.

[8] 冯在强, 唐明奇, 王强松, 等. 冷变形及时效处理对 CuSn10Zn2FeCo 合金组织性能的影响 [J]. 材料热处理学报, 2016, 37(4): 65-68.

[9] 肖恩奎. 铜锡合金铸件的反偏析 [J]. 特种铸造及有色合金, 1987(2): 7-10, 21.

[10] FUERTAUER, FLANDORFER L, FLANDORFER H. The Cu-Sn phase diagram, Part Ⅰ: New experimental results [J]. Intermetallics, 2013, 34(3): 142-147.

[11] LIU X Y, THAM D, YATES D, et al. Evidence for the intergranular segregation of tin to grain boundaries of a Cu-Sn alloy and its consequences for dynamic embrittlement [J]. Materials Science and Engineering A, 2007, 458(1): 123-125.

[12] LIU X F, LUO J H, WANG X C. Surface quality, microstructure and mechanical properties of Cu-Sn alloy plate prepared by two-phase zone continuous casting [J]. Transactions of Nonferrous Metals Society of China, 2015, 25(6): 1901-1910.

[13] 路俊攀, 李湘海. 加工铜及铜合金金相图谱 [M]. 湖南: 中南大学出版社, 2010.

[14] WU Y H, CHANG L, WANG W L, et al. A triple comparative study of primary dendrite growth and peritectic solidification mechanism for undercooled liquid $Fe_{59}Ti_{41}$ alloy [J]. Acta Materialia, 2017, 129(3): 366-377.

[15] 杨秀龙. 几种锡青铜的锻造工艺探讨 [J]. 航天工艺, 1992(2): 9-11.

[16] 林国标, 王自东, 张伟, 等. 热处理对锡青铜合金组织和性能的影响 [J]. 铸造, 2011, 60(3): 287-289.

[17] MUTHIAH R C, PFAENDTNER J A, JR M M, et al. A study of dynamic embrittlement in bicrystals of Cu7%Sn [J]. Materials Science and Engineering A, 1997, 234(9): 1033-1036.

[18] KUMAR T S S, HEGDE M S. Surface segregation and oxidation studies of Cu-Sn and Cu-Pd alloys by X-ray photoelectron and auger spectroscopy [J]. Applications of Surface Science, 1985, 20(3): 290-306.

[19] TOURRET D, GANDIN C A. A generalized segregation model for concurrent dendritic, peritectic and eutectic solidification [J]. Acta Materialia, 2009, 57(7): 2066-2079.

[20] UMEDA T, OKANE T, KURZ W. Phase selection during solidification of peritectic alloys [J]. Acta Materialia, 1996, 44(10): 4209-4216.

[21] 陈守东, 陈敬超, 封皓, 等. 对冷拉拔铜锡合金导线显微组织的分子动力学模拟 [J]. 机械工程材料, 2012, 36(11): 88-101.

[22] 游龙. 耐压铜合金铸造工艺技术的研究 [D]. 北京: 北京科技大学, 2011.

[23] 中国船舶重工集团公司第七二五研究所. GB/T 1176—2013 铸造铜及铜合金 [S]. 北京: 中国标准出版社.

［24］ 美国材料与试验协会. ASTM B427—2002 齿轮用青铜合金铸件的标准规范［S］. 2015

［25］ 美国材料与试验协会. ASTM B 505/505M—2005 铜合金连续浇铸件的标准规范［S］. 2005

［26］ 凡小盼, 王昌燧, 金普军. 热处理对铅锡青铜耐腐蚀性能的影响［J］. 中国腐蚀与防护学报, 2009, 28(2): 112-115.

［27］ 娄东阁, 雷少丽. 不同热处理温度对新型锡青铜性能的影响［C］//中国有色金属学会学术年会, 2008.

［28］ 徐灏, 朱协彬, 宣夕文, 等. 低温退火对锡磷青铜 C5191 组织和机械性能的影响［J］. 安徽工程大学学报, 2015, 30(1): 48-51.

［29］ 殷傲, 冯再新, 惠均, 等. 不同热处理退火温度对锡青铜组织和性能的影响［J］. 锻造技术, 2018, 39(12): 2854-2856.

［30］ 朱信, 张保成, 王志伟. 热挤压–强力旋压–热处理对锡青铜显微组织的影响［J］. 热加工工艺, 2015, 44(5): 160-162.

［31］ 张静. 稀土 Ce 及热处理对锡青铜组织和硬度的影响［J］. 特种铸造及有色合金, 2014, 34(11): 1202-1204.

［32］ 陆常翁. ZCuSn10 合金流变挤压组织及性能研究［D］. 云南: 昆明理工大学, 2015.

［33］ 张学, 司乃潮, 司松海. 不同热处理工艺下 ZCuSn10P1 的热疲劳性能［J］. 有色金属（冶炼部分）, 2012(5): 51-54, 57.

［34］ 张士宏. 精密铜管铸轧加工技术［M］. 北京: 国防工业出版社, 2016.

［35］ 赵红彬, 梅景, 杨丽景, 等. 预热处理对耐磨锡青铜 Cu-6.5Sn-0.1P 合金组织的影响［J］. 热加工工艺, 2018, 47(8): 237-240.

［36］ 娄花芬, 黄亚飞, 马可定. 铜及铜合金熔炼与铸造［M］. 长沙: 中南大学出版社, 2010.

［37］ SONG K, ZHOU Y, ZHAO P, et al. Cu-10Sn-4Ni-3Pb alloy prepared by crystallization under pressure: An experimental study［J］. Acta Metallurgica Sinica, 2013, 26(2): 199-205.

［38］ ZHAI W, HONG Z Y, WEN X L, et al. Microstructural characteristics and mechanical properties of peritectic Cu-Sn alloy solidified within ultrasonic field［J］. Materials and Design, 2015, 72(1): 43-50.

［39］ KUMOTO E A, ALHADEFF R O, MARTORANO M A. Microsegregation and dendrite arm coarsening in tin bronze［J］. Metal Science Journal, 2013, 18(9): 1001-1006.

［40］ CHEN K X, CHEN X H, DING D, et al. Effect of in-situ nanoparticle wall on inhibiting segregation of tin bronze alloy［J］. Materials Letters, 2016, 175(7): 148-151.

［41］ CHEN X H, WANG Z D, DING D, et al. Strengthening and toughening strategies for tin bronze alloy through fabricating in-situ nanostructured grains［J］. Materials and Design, 2015, 66(2): 60-66.

［42］ LIU X Y, KANE W, MCMAHON JR C J. On the suppression of dynamic embrittlement in Cu-8% Sn by an addition of zirconium［J］. Scripta Materialia, 2004, 50(5): 673-677.

［43］ GŁAZOWSKA I, ROMANKIEWICZ F, KRASICKA-CYDZIK E, et al. Structure of phosphor tin bronze CuSn10P modified with mixture of microadditives［J］. Archives of Foundry, 2005, 5(15): 94-99.

[44] GŁAZOWSKA I, ROMANKIEWICZ F. The influence of the modification on the course of the crystallization, the structure and mechanical properties of the Tin-Phosphor bronze CuSn10P[J]. Archiwum Odlewnictwa Pan, 2003, 3(9): 125-132.

[45] 王明杰, 张国伟, 刘少杰. 微量元素对铅锡青铜组织与性能的影响 [J]. 热加工工艺, 2016, 45(5): 87-89.

[46] 邱聿成, 翁庸云. 稀土耐磨铅青铜的研究和应用 [J]. 机械工程材料, 1991, 15(5): 46-49.

[47] 徐灏. 锡磷青铜(C5191)合金组织与性能研究 [D]. 安徽: 安徽工程大学, 2015.

[48] 李言祥. 材料加工原理 [M]. 北京: 清华大学出版社, 2005.

[49] 李道韫, 徐连棠, 傅念新, 等. 稀土防止高铅青铜偏析的研究 [J]. 中国稀土学报, 1991, 9(1): 56-60.

[50] LI B M, ZHANG H T, CUI J Z. Influence of electromagnetic field on the solidification structure of C90500 Tin bronze [J]. Advanced Materials Research, 2011, 156-157: 1670-1674.

[51] LI H Q, XIANG C J, CHEN Z P, et al. Effect of electromagnetic stirring on Tin bronze plate blank [J]. Materials Science Forum, 2009, 610-613: 202-205.

[52] BELOV V D, GERASIMENKO E A, GUSEVA V V, et al. Influence of solidification conditions of billets of tin bronze BrO10C2N3 on its structure [J]. Russian Journal of Non-Ferrous Metals, 2016, 57(3): 195-201.

[53] 回春华, 李廷举, 金文中, 等. 锡磷青铜带坯的水平电磁连铸技术研究 [J]. 稀有金属材料与工程, 2008, 37(4): 721-724.

[54] ZHANG H T, LI B M, CUI J Z. Influence of low frequency electromagnetic field on the as-cast structure of Cu-10% Sn-2% Zn Alloys [J]. Applied Mechanics and Materials, 2012, 121: 4917-4921.

[55] LUDWIG A, GRUBER-PRETZLER M, WU M, et al. About the formation of macrosegregations during continuous casting of Sn-bronze [J]. Fluid Dynamics and Materials Processing, 2005, 1(4): 285-300.

[56] HALVAEE A, TALEBI A. Effect of process variables on microstructure and segregation in centrifugal casting of C92200 alloy [J]. Journal of Materials Processing Technology, 2001, 118(1/2/3): 122-126.

[57] ALVES C A, MAIA S F, SILVA A G P. Sintering of Tin and aluminum bronze: plasma versus conventional mechanisms [J]. Advances in Powder Metallurgy and Particulate Materials, 2001(5): 285-287.

[58] 吕琛, 陈祖锦, 李香兰, 等. 铈对锡青铜合金性能作用的探讨 [J]. 稀土, 1984(4): 35-38.

[59] SPENCER D B, MEHRABIAN R, FLEMINGS M C. Rheological behavior of Sn-15 pct Pb in the crystallization range [J]. Metall Trans, 1972, 3(7): 1925-1932.

[60] KIRKWOOD D H. Semi-solid metal processing [J]. Int. Mat. Rev. , 1994, 39(5): 173-189.

[61] ATKINSON H V. Esaform Conf. on material forming (5th) [C]//Poland, April 2002, Krakow, Poland: House "Akapit", 2002: 655-658.

[62] ATKINSON H V, LIU D. Semi-solid processing of alloys and composites (7th) [C]// Tsukuba, Japan, September 2002. National Institute of Advanced Industrial Science and

Technology, Japan Society for Technology of Plasticity, Japan 2002: 51-56.

[63] KENNEY M P, COURTOIS J A, EVANS R D, et al. Metals Handbook [M]. Metals Park, OH, USA: ASM International, 1988.

[64] WARD P J, ATKINSON H V, ANDERSON P R G, et al. Semi-solid processing of novel MMCs based on hypereutectic aluminium-silicon alloys [J]. Acta metallurgica et materialia, 1996, 44 (5): 1717-1727.

[65] ELIAS BOYED L, KIRKWOOD D H, SELLARS C M. In: Proc 2nd world basque congress, conference on new structural materials [C]//Bilbao, Spain, 1988: 285-295.

[66] HAGA T, KOUDA T, MOTOYAMA H, et al. In: Proc ICAA7, aluminium alloys: their physical and mechanical properties [C]//1998: 327-332.

[67] UBE Industries Ltd. Method and apparatus of shaping semisolid metals [P]. European Patent 0745694A1, 1996.

[68] HALL K, KAUFMANN H, MUNDL A. Conf. semi solid processing of alloys and composites (6th) [C]//Turin, Italy, 2000, 9: 23-28.

[69] FAN Z. Semisolid metal processing [J]. International Materials Reviews, 2002, 47(2): 49-85.

[70] KIRKWOOD D H, KAPRANOS P. Semi-solid processing of alloys [J]. Metals and Materials, 1989, 5(1): 16-19.

[71] 李元东, 郝远, 陈体军, 等. 镁合金半固态成形的现状及发展前景 [J]. 特种铸造及有色合金, 2001(2): 77-78.

[72] 罗守靖. 半固态成形技术讲座 [J]. 机械工人(热加工), 2004(2): 60-62.

[73] 赵爱民, 毛卫民, 崔成林, 等. 电磁搅拌对弹簧钢60Si2Mn凝固组织的影响 [J]. 北京科技大学学报, 2000, 22(2): 134-137.

[74] MARTINEZ R A. A new technique for the formation of semi-solid structures [D]. MS Thesis. Massachusetts Institute of Technology, Cambridge, 2001.

[75] BERGSMA S C, TOLLE M C, KASSNER M E, et al. Semi-solid thermal transformations of Al-Si alloys and the resulting mechanical properties [J]. Mater Sci Eng 1997, A237: 24-34.

[76] KIUCHI M, SUGIYAMA S. On semi-solid processing of alloys and composites [C]//Cambridge, USA, 1992: 47-56.

[77] 陈正周, 毛卫民, 吴宗闿. 多弯道蛇形管浇注法制备半固态A356铝合金浆料 [J]. 中国有色金属学报, 2011, 21(1): 95-101.

[78] 蔡卫华, 杨湘杰. 斜管法流变制浆设备工艺参数的研究 [J]. 南昌大学学报, 2003, 25 (3): 13-17.

[79] WANG S C, CAO F Y, LI Y L, et al. Continuous extruding extending forming of semi-solid 2017 alloy[J]. Journal of Wuhan University of Technology, 2004, 21(3): 76-79.

[80] WU S S, TU X L, FUKUDA Y, et al. Modification mechanism of hypereutectic Al-Si alloy with P-Na addition [J]. Transactions of Nonferrous Metals Society of China, 2003, 13(6): 1285-1289.

[81] HAGA T. Semisolid strip casting using a twin roll caster equipped with a cooling slope [J]. J Mater Process Technol, 2002, 130-131: 558-561.

[82] JOHN L. JORSTAD. Semi-solid metal processing from an industrial perspective; the best is yet to come! [J]. Solid State Phenomena, 2016, 256:9-14.

[83] JI S, FAN Z, BEVIS M J. Semi-solid processing of engineering alloys by a twin-screw rheomoulding process [J]. Materials science and Engineering, 2001, A299: 210-217.

[84] PENG H, WANG S P, WANG N, et al. On semi-solid processing of alloys and composites [C]. Tokyo, Japan, June 1994. Tokyo Institute of Industrial Science, 1994: 191-200.

[85] PENG H, HSU W M. On semi solid processing of alloys and composites [C]//Turin, Italy, 2000:313-317.

[86] FAN Z Y, BEVIS M J, JI S X. Method and apparatus for producing semisolid metal slurries and shaped components [P]. CA2385469A1, 2001-03-29.

[87] PASTERNAK L, CARNAHAN R, DECKER R, et al. Semisolid production processing of Mg alloys by thixomolding[J]. Solid State Phenomena, 1992: 159-169.

[88] DECKER R F, WALUKAS D M, LEBEAU S E,et al. Advances in semi-solid molding[J]. Advanced Materials and Processes, 2004, 162(4):41-42.

[89] QUAAK C J, HORSTEN M G, KOOL W H. Rheological behaviour of partially solidified aluminium matrix composites[J]. Materials Science and Engineering A, 1994, 183(1/2):247-256.

[90] KOPP R, NEUDENBERGER D, WINNING G. Different concepts of thixoforging and experiments for rheological data [J]. J Mater Process Technol 2001, 111: 48-52.

[91] ATKINSON H V. Modelling the semisolid processing of metallic alloys [J]. Progress in Materials Science, 2005, 50(3): 341-421.

[92] GATTELLI I, CHIARMETTA G L, BOSCHINI M, et al. New generation of brake callipers to improve competitiveness and energy savings in very high performance cars [J]. Solid State Phenomena, 2014: 217-218.

[93] MIDSON S P, HE Y F,HU X G, et al. Impact of section thickness on the microstructure and mechanical properties of semi-solid castings [J]. The Minerals, Metals and Materials Society, 2014: 177-184.

[94] NICHOLAS N H, TRICHKA M R, YOUNG K P. Application of semi-soid metal forming to the production of small components [J]. Golden, 1998(23/24/25): 79-86.

[95] GARAT M, MAENNER L, SZTUR CH. In: Chiarmetta G L, Rosso M, editors. Proc. 6th Int. Conf. semi solid processing of alloys and composites [C]// Turin, Italy, September 2000, Edimet Spa, Italy, 2000: 187-194.

[96] NUSSBAUM A I. Semi-soid forming of aluminum and magnesium [J]. Light Metal Age, 1994, 54(5/6): 6-22.

[97] MOSCHINI R. In: Kirkwood D H, Kapranos P, editors. Proc. 4th Int. Conf. semisolid processing of alloys and composites [C]// Sheffield, UK, 19-21, June, 1996. Department Engineering Materials, University of Sheffield: 248-250.

[98] GIORDANO P, BOERO FHIARMETTA G. Thixformed space-frames for series vehicles, study, development and applications [C]// Semo-solid Processing of Alloys and Compositions, Turin,

Italy, 2000: 29-34.

[99] FLEMINGS M C. Casting semisolid metals [A]. Trans. Int. Foundry Congress [C], Moscow, American Foundrymen's Soc. , 1973, 81: 81-88.

[100] GARAT M, BLAIS S, PLUCHON C, et al. Aluminium semi-solid processing: from the billet to the finished part [C]// Semi-solid Processing of Alloys and Compositions, Golden, Colorado, 1998: 191-213.

[101] 毛卫民, 白月龙, 陈军. 半固态合金流变铸造的研究进展 [J]. 特种铸造及有色合金, 2004(2): 4-8.

[102] 毛卫民, 钟友雪. 半固态金属成形技术 [M]. 北京: 机械工业出版社, 2004.

[103] YOUNG K P, FITZE R. In: Kiuchi M, editor. Proc. 3rd Int. Conf. on semi-solid processing of alloys and composites [C]//Tokyo, Japan, 1994.

[104] 崔成林, 毛卫民, 李述刚, 等. 非枝晶 AlSi7Mg 合金半固态触变成形研究 [J]. 材料科学与工艺, 2001, 9(2): 122-125.

[105] 王羽, 胡建华, 龙安. 半固态技术及其应用 [J]. 中国机械工程, 2006(17): 322-325.

[106] GABATHULER J P, BARRAS D, KRAHENBUHL Y, et al. Evaluation of various process for production of billets with thixotropic properties [C]// Semi-solid Processing of Alloys and Composites, USA, massachusetts, 1992: 33-46.

[107] KIRKWOOD D H, Kirkwood D H, Kapranos P, et al. Semi-solid processing of alloys and composites [C]// Department Engineering Materials, University of Sheffield,1996: 320-325.

[108] 孙玉玲, 刘兴江. 电脉冲处理对铜锡合金凝固组织的影响 [J]. 铸造技术, 2014, 35 (3): 497-499.

[109] Ünlü B S, Atik E. Evaluation of effect of alloy elements in copper based CuSn10 and CuZn30 bearings on tribological and mechanical properties [J]. Journal of Alloys and Compounds, 2010, 489(1): 262-268.

[110] PAUL C, SELLAMUTHU R. The effect of Sn content on the properties of surface refined Cu-Sn bronze alloys [J]. Procedia Engineering, 2014, 97: 1341-1347.

[111] GUPTA R, SRIVASTAVA S, KUMAR G V P, et al. Investigation of mechanical properties, microstructure and wear rate of high leaded tin bronze after multidirectional forging [J]. Procedia Materials Science, 2014, 5: 1081-1089.

[112] 张好强, 赵颂, 李勇帅, 等. 大型套筒类锡青铜铸件的离心铸造 [J]. 特种铸造及有色合金, 2018, 38(6): 642-645.

[113] 苏晓波, 冯再新, 高超平, 等. 加热温度对锡青铜挤压成形后组织性能的影响 [J]. 锻压技术, 2017, 42(2): 156-159.

[114] 赵红彬, 梅景, 杨丽景, 等. 预热处理对耐磨锡青铜 Cu-6.5Sn-0.1P 合金组织的影响 [J]. 热加工工艺, 2018, 47(8): 237-240.

[115] 时和林, 汪文科. 锡青铜阀门熔模铸造工艺难点分析 [J]. 特种铸造及有色合金, 2014, 34(10): 1085-1086.

[116] 周延军. 高性能耐磨锡青铜合金及其先进制备加工技术研究 [D]. 洛阳: 河南科技大学, 2012.

[117] 张琦, 郭丽娟, 李廷举. 锡磷青铜薄板坯水平电磁连铸技术的优化研究 [J]. 稀有金属材料与工程, 2015, 44(10): 2553-2556.

[118] 赵祖德, 罗守靖. 轻合金半固态成形技术 [M]. 北京: 化学工业出版社, 2007.

[119] COWIE J G, PETERS D T, YOUNG K P, et al. Reducing the cost of copper alloy parts by semi-solid metal forming [J]. Die Casting Engineer, 2004, 48(1): 30-40.

[120] STANLEY N L, TAYLOR L J. Rheological basis of oral characteristics of fluid and semi-solid foods: A review [J]. Acta Psychologica, 1993, 84(1): 79-92.

[121] ATKINSON H V, RASSILI A. A review of the semi-solid processing of steel [J]. International Journal of Material Forming, 2010, 3(1): 791-795.

[122] CORNIE J A, MOON H K, FLEMINGS M C. A review of semi-solid slurry processing of Al matrix composites [C]//Proceedings de la International Conference: Fabrication of Particulates Reinforced Metal Composites. Québec. 1990: 63-78.

[123] 游龙, 伊勇臻, 王可可, 等. 形变热处理对铸造锡青铜组织与力学性能的影响 [J]. 金属热处理, 2016, 41(1), 71-73.

[124] MARTINEZ R A, FLEMINGS M C. Evolution of particle morphology in semisolid processing [J]. Metallurgical and Materials Transactions A, 2005, 36(8): 2205-2210.

[125] FLEMINGS M C. Solidification processing [J]. Materials Science and Technology, 2006, 22(9): 1-56.

[126] 朱玉桂, 张豪, 张林, 等. 喷射成形 7475 铝合金的显微组织与力学性能 [J]. 铸造, 2010, 59(3): 235-238.

[127] 丁飞. 雾化沉积 Cu-13.5%Sn 合金的显微组织和力学性能研究 [J]. 世界科技研究与发展, 2010, 32(5): 641-644.

[128] KODAMA H, NAGASE K, UMEDA T, et al. Microsegregation during dendritic growth in Cu-8%Sn alloys [J]. Journal of Japan Foundry Engineering Society, 1976, 49: 287-293.

[129] KOSE T, UETANI Y, NAKAJIMA K, et al. Effect of die temperature on tensile property of rheocast phosphor bronze [J]. Materials Science Forum. 2012, 706-709: 931-936.

[130] 王佳, 肖寒, 吴龙彪, 等. 轧制 - 重熔 SIMA 法制备 ZCuSn10 合金半固态坯料 [J]. 金属学报, 2014, 50(5): 567-574.

[131] 王佳. 冷轧—部分重熔 CuSn10P1 组织演变机理及其半固态浆料充型热物理模拟 [D]. 昆明: 昆明理工大学, 2017.

[132] ATKINSON H V, LIU D. Microstructural coarsening of semi-solid aluminium alloys [J]. Materials Science and Engineering A, 2008, 496(1/2): 439-446.

[133] TZIMAS E, ZAVALIANGOS A. Evolution of near-equiaxed microstructure in the semisolid state [J]. Materials Science and Engineering A, 2000, 289(1/2): 228-240.

[134] CAO M, WANG Z, ZHANG Q. Microstructure-dependent mechanical properties of semi-solid copper alloys [J]. Journal of Alloys and Compounds, 2017, 715(8): 413-420.

[135] WANG S C, ZHOU N, QI W J, et al. Microstructure and mechanical properties of A356aluminum alloy wheels prepared by thixo-forging combined with a low superheat casting process [J]. Transactions of Nonferrous Metals Society of China, 2014, 24(7): 2214-2219.

[136] WU S S, LÜ S L, AN P, et al. Microstructure and property of rheocasting aluminum-alloy made with indirect ultrasonic vibration process [J]. Materials Letters, 2012, 73(4): 150-153.

[137] CANYOOK R, PETSUT S, WISUTMETHANGOON S, et al. Evolution of microstructure in semi-solid slurries of rheocast aluminum alloy [J]. Transactions of Nonferrous Metals Society of China, 2010, 20(9): 1649-1655.

[138] 罗守靖, 田文彤, 李金平. 21世纪最具发展前景的近净成形技术——半固态加工 [C]// 2001年中国压铸、挤压铸造、半固态加工学术年会论文集, 2001: 175-180.

[139] 康永林, 毛卫民, 胡壮麒. 金属材料半固态加工理论与技术 [M]. 北京: 科学出版社, 2004.

[140] 罗守靖, 姜永正, 李远发, 等. 重新认识半固态金属加工技术 [J]. 特种铸造及有色合金, 2012, 32(7): 603-607.

[141] 郑峰. 铜与铜合金速查手册 [M]. 北京: 化学工业出版社, 2008.

[142] ATKINSON H V. Alloys for semi-solid processing [J]. Solid State Phenomena, 2012, 192-193: 16-27.

[143] SPENCER D B, MEHRABIAN R, FLEMINGS M C. Rheological behavior of Sn-15 pct Pb in the crystallization range [J]. Metallurgical Transactions, 1972, 3(7): 1925-1932.

[144] YOUNG K P, RIEK R G, BOYLAN J F, et al. Thixocasting copper-base alloys [J]. Die Casting Engineering, 1977, 21(2): 46-48.

[145] ANON. Die casting semi-solid copper alloys [J]. Machinery and Production Engineering, 1974, 125(11): 594-597.

[146] MOTEGI T. Semi-solid casting using inclined cooling plate [J]. Journal of the Japan Foundrymens Society, 2005, 77(8): 526-530.

[147] BAHRIG-POLACZEK A, AGUILAR J. Materials development for semi-solid-metal processing (SSM) [A]. Proceeding of the 8th international conference on semi-sdid processing of alloys and composites [C], Limassol, Cyprus, 2004.

[148] ELLIOT B, RICE C, YOUNG K. Semi-Solid Metal (SSM) forming of copper alloys [J]. Materials Science and Technology, 2005, 1: 117-130.

[149] CHOE K H, CHO G S, LEE K W, et al. Hot forging of semi solidified high strength brass [J]. Solid State Phenomena, 2006, 116-117: 791-794.

[150] 万正东. 工艺参数对铜合金半固态浆料组织的影响研究 [D]. 江西: 南昌大学, 2010.

[151] 程琴, 郭洪民, 杨湘杰, 等. 半固态等温处理对Cu-Ca合金组织的影响 [J]. 特种铸造及有色合金, 2012, 32(3): 50-53.

[152] 左世斌. 冷却斜槽法在铝、铜基合金浆料制备方面的应用 [D]. 辽宁: 大连理工大学, 2012.

[153] CAO M, ZHANG Q, ZHANG Y. Effects of plastic energy on thixotropic microstructure of C5191 alloys during SIMA process [J]. Journal of Alloys and Compounds, 2017, 721(10): 220-228.

[154] YI H K, MOON Y H, LEE S Y. Cu-Ca alloy and thixoforming precess design for high efficient rotor [J]. Journal of the Korean Institute of Metals and Materials, 2007, 45(5): 315-320.

［155］ JIA L, LIN X, XIE H, et al. Abnormal improvement on electrical conductivity of Cu-Ni-Si alloys resulting from semi-solid isothermal treatment ［J］. Materials Letters, 2012, 77(12): 107-109.

［156］ 李银华, 刘平, 贾淑果, 等. 铜合金热变形行为研究 ［J］. 金属热处理, 2008, 33(8): 29-32.

［157］ 刘勇, 杨湘杰, 陆德平, 等. 半固态 Cu-Ni-Si 合金压缩变形工艺的研究 ［J］. 机械工程材料, 2006, 30(2): 51-53.

［158］ 肖寒, 陈泽邦, 陆常翁, 等. 半固态挤压铸造 ZCuSn10 铜合金的组织演变 ［J］. 材料热处理学报, 2015, 36(12): 37-43.

［159］ 李永坤, 李璐, 周荣锋, 等. ZCuSn10 合金半固态流变挤压件显微组织的演变 ［J］. 材料导报, 2018, 31(16): 60-64.

［160］ LEE S Y, LEE S Y. A study on the microstructural defects in slots of thixoformed copper rotor ［J］. Solid State Phenomena, 2014, 116-117: 300-303.

［161］ 邵博, 刘德华, 朱良. QSn7-0.2 铜合金半固态挤压成形组织研究 ［J］. 铸造技术, 2017, 38(12): 2953-2955.

［162］ 陈泽邦. 流变挤压铸造 ZCuSn10Pl 铜合金轴套的组织和力学性能研究 ［D］. 昆明: 昆明理工大学, 2017.

［163］ 张岩峰. CuSn10 合金半固态浆料转棒诱导形核法制备及其挤压铸造成形 ［D］. 昆明: 昆明理工大学, 2015.

2 熔体约束流动处理过程中 组织演变及其形成机理

CuSn10P1 合金熔体具有良好的流动性，在挤压铸造成形过程中可以成形复杂形状的零件，但良好的流动性使金属熔体充型时容易卷气和成形时产生喷溅现象；熔体处理起始温度高对模具热冲击性大进而影响模具寿命；液态挤压成形铸件显微组织为粗大的树枝晶，容易形成晶间偏析和逆偏析，降低零件的综合性能，限制合金在高精端工业产品中的应用。半固态流变挤压可以显著细化合金的显微组织、降低熔体处理起始温度、相对平稳的充型、改善晶间偏析和逆偏析，从而提高合金的性能，但制备优质的金属半固态浆料是开展流变挤压成形的前提和关键。

本章结合层流紊流转变距离的计算和 ProCAST 软件对温度场的模拟，设计制造熔体约束流动诱导形核通道。基于 Chalmers[1] 提出的金属熔体在过冷条件下爆发形核的理论、Stefanescu 等人[2] 提出的瞬态形核理论并结合低过热度合金浇注工艺，提出熔体约束流动诱导形核通道制备半固态金属浆料的工艺，通过控制金属熔体的形核、长大及熟化过程进而控制其凝固过程；探讨制浆工艺（熔体处理起始温度、冷却通道长度、冷却通道角度等）对制备 CuSn10P1 合金半固态浆料显微组织的影响，揭示熔体约束流动处理过程中显微组织演变机理和锡元素分布规律，获得熔体约束流动诱导形核通道制备 CuSn10P1 合金半固态浆料的最佳工艺参数。

2.1 熔体约束流动诱导形核通道的建立

合金熔体受到强烈激冷产生爆发性形核，晶核数量的增加使铸件显微组织得到细化，改善铸件的强度和塑性，提高铸件的综合性能。本节根据层流与紊流流动状态之间的联系，计算层流向紊流转变的临界距离。采用 ProCAST 软件对合金熔体在敞开式和约束流动诱导形核通道内的温度场进行模拟，分析与对比温度场分布的均匀性。

2.1.1 熔体约束流动诱导形核通道中熔体流动状态的计算

熔体流动状态具有层流和紊流两种方式，层流时质点流动平稳，彼此不相互掺杂；而紊流速度快于层流，熔体内质点作不规则运动、相互掺杂。合金熔体以紊流方式流动时，容易引起卷气、夹渣等缺陷，因此，合金熔体在流动或者充型过程中希望以层流的形式进行。雷诺数决定了层流向紊流转变的临界条件[3-4]：

$$Re_x = \frac{v_\infty x}{\nu} = \frac{v_\infty x \rho}{\mu} \tag{2.1}$$

式中　v_∞——熔体流动速度，m/s；

　　　x——熔体流动距离，m；

　　　ν——熔体运动黏度，m^2/s；

　　　μ——熔体动力黏度，$Pa \cdot s$；

　　　ρ——熔体密度，kg/m^3。

当雷诺数 Re_x 值超过 $3 \times 10^5 \sim 3 \times 10^6$ 时，熔体流动方式从层流转换成紊流[5]。在本章中，雷诺数 Re_x 的值可以近似用式（2.2）求解：

$$Re_x = \frac{(v_0 + v_x)x}{2\nu} \tag{2.2}$$

式中　v_0——熔体流动起始速度，m/s；

　　　v_x——熔体在流动距离 x 处的速度，m/s。

本章中 CuSn10P1 铜合金的层流向紊流转换的临界雷诺数 Re_x 为 $5 \times 10^{5[6]}$、动力黏度 μ 为 $5.125 \times 10^{-3} Pa \cdot s$、密度 ρ 为 $7440 kg/m^3$、熔体约束流动诱导形核通道与水平面的夹角为 45°。层流向紊流转换的临界距离与初始流动速度的关系如图 2.1 所示。可以发现，随着熔体初始速度的增加，从层流向紊流转换的临界

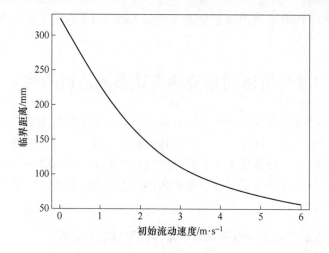

图 2.1　层流向紊流转换的临界距离与初始流动速度的关系

距离越短。当初始流动速度是零时,临界转换距离最大为 323.6mm;当熔体初始流动速度为 6m/s 时,临界转换距离仅有 57.1mm。在制浆时,熔体距离冷却板高度约为 50mm 处浇注,初始流动速度为 0.7m/s,此时临界转换距离 252.4mm。当处理通道长度低于 252.4mm 时,熔体在通道内以层流方式流动;当处理通道长度大于 252.4mm 时,熔体在通道内以层流和紊流共存的方式流动。

速度边界层和温度边界层反映了熔体在流动过程中速度与温度的分布情况,间接反映出合金熔体流动过程中受到的剪切力与激冷状况。

距离浇注口长度 x 处的层流速度边界层厚度 δ_x[3] 为:

$$\delta_x = \frac{4.64x}{\sqrt{Re_x}} \tag{2.3}$$

距离浇注口长度 x 处的紊流速度边界层厚度 δ_x 为:

$$\delta_x = \frac{0.376x}{\sqrt{Re_x^{1/5}}} \tag{2.4}$$

不同初始流动速度的 CuSn10P1 铜合金在熔体约束流动诱导形核通道内的速度边界层分布如图 2.2 所示。从图 2.2 可知,合金熔体从层流流动向紊流流动转变时,速度边界层的厚度会发生急剧增加。通过计算结果可知,层流流动的速度边界层通常很薄,只有 2～4mm,而紊流流动的速度边界层却很大,为 8～24mm。速度边界层的厚度和层流向紊流转变距离都随着初始速度的增加而降低。

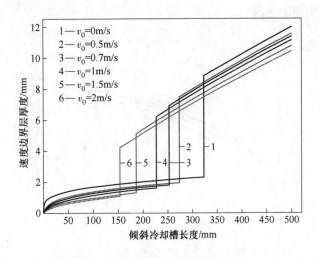

图 2.2　CuSn10P1 合金在不同初始流动速度下的速度边界层分布

温度边界层厚度可以用式 (2.5)[7] 求解:

$$\delta_{\mathrm{t}} = \sqrt{\frac{8\lambda}{3c\rho g\sin\theta}\left[\sqrt{2gH\sin^2\theta + 2gx\sin\theta} - \frac{\sqrt{(2gH\sin^2\theta)^3}}{2gH\sin^2\theta + 2gx\sin\theta}\right]}$$

$$= \sqrt{\frac{8\lambda}{3c\rho g\sin\theta}\left[\sqrt{2v_0^2\sin^2\theta + 2gx\sin\theta} - \frac{\sqrt{(2v_0^2\sin^2\theta)^3}}{2v_0^2\sin^2\theta + 2gx\sin\theta}\right]} \qquad (2.5)$$

式中　λ——热导率，W/(m·K)；

　　　　c——比热容，J/(kg·℃)；

　　　　g——重力加速度，$g = 9.8\mathrm{m/s^2}$；

　　　　θ——熔体约束流动诱导形核通道与水平面的夹角，(°)；

　　　　H——浇口与倾斜板之间的距离，m。

　　CuSn10P1 铜合金在 1024℃的热导率为 72.4W/(m·K)、比热容为 343J/(kg·℃)，熔体约束流动诱导形核通道与水平面的夹角为 45°，不同初始流动速度的 CuSn10P1 铜合金在熔体约束流动诱导形核通道内的温度边界层分布如图 2.3 所示。从图中可以发现，当初始流动速度恒定时，随着熔体在约束流动诱导形核通道内流动长度的增加，温度边界层厚度先急剧增加然后增长速度逐渐变缓，而且初始流动速度对温度边界层的影响随着熔体在通道内流动长度的增加逐渐降低。在熔体约束流动诱导形核通道内，温度边界层厚度主要为 5～11mm。熔体约束流动诱导形核通道较短时，温度边界层厚度随着初始流动速度的增加而降低，但当熔体约束流动诱导形核通道长度超过一定值时，温度边界层厚度随着初始流动速度的增加则是先增加后降低。

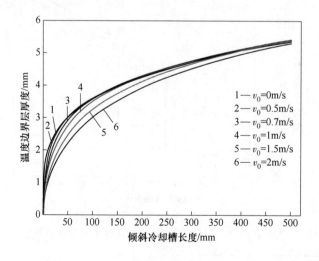

图 2.3　CuSn10P1 合金在不同初始流动速度下的温度边界层分布

2.1.2 数值模拟的模型构建

2.1.2.1 物理模型与基本假设

CuSn10P1 合金熔体浇注到倾斜板上，在冷却板换热条件下开始冷却凝固，同时在金属熔体自身重力作用下，沿着冷却倾斜板向下流动，流动过程中温度不断降低，与冷却板接触的金属熔体受到激冷作用开始大量形核，并随着金属熔体的流动进入熔体内部，最后在收集坩埚内获得具有一定固相率的半固态浆料。本节以稳定连续制备 CuSn10P1 合金半固态浆料过程中金属熔体为研究对象，模拟熔体尺寸为 300mm × 100mm × 5mm，冷却板与水平面呈 45°夹角。模拟采用敞开式流动与熔体约束流动两种处理方式，敞开式流动为上表面开放，熔体只受宽度方向上的约束，而熔体约束流动为熔体在缝隙式通道中流动，两种流动方式的物理模型如图 2.4 所示。

在实际操作过程中，影响敞开式冷却倾斜板和熔体约束流动诱导形核通道制备半固态浆料过程中金属熔体流动和传热的因素很多，如浇注速度、熔体与冷却板之间的冲击和水流量等因素都会影响制浆过程中熔体温度场的分布。在模拟过程中，为减小计算量，对计算模型做如下假设。

（1）在 CuSn10P1 合金半固态浆料制备过程中，合金的浇入速度和熔体处理起始温度恒定，忽略浇注过程中金属熔体与倾斜板之间的冲击及冲击引起的金属熔体溅射，整个半固态浆料制备过程金属熔体处于连续、平稳的流动状态，属于稳态过程计算；

（2）在半固态浆料制备过程中，金属熔体为不可压缩的连续介质，以牛顿流体的方式流动；

（3）在半固态浆料制备过程中，金属熔体与冷却板的所有接触面紧密接触，发生接触换热，换热系数恒定；敞开式冷却倾斜板制浆过程中，金属熔体上表面与空气发生的辐射换热和对流换热统一用换热系数概括；

（4）在半固态浆料制备过程中，循环冷却水与冷却板紧密接触，发生接触换热。

2.1.2.2 网格划分

采用三维绘图软件 ProE 5.0 进行三维建模和面网格划分，然后在 2009 版 ProCAST 中生成体网格，敞开式冷却倾斜板共有 135678 个节点、655158 个网格；熔体约束流动诱导形核通道共有 167767 个节点、807772 个网格，如图 2.5 所示。

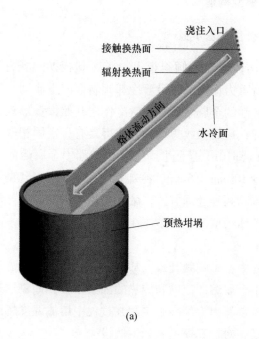

(a)

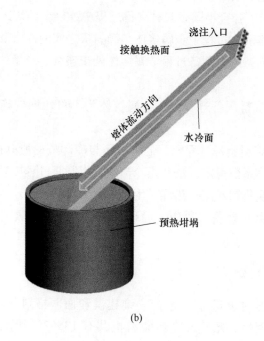

(b)

图 2.4　物理模型

（a）敞开式流动；（b）熔体约束流动

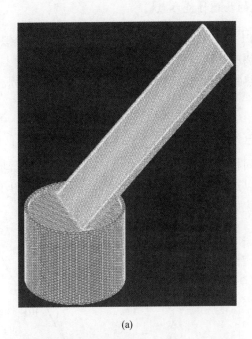

(a)

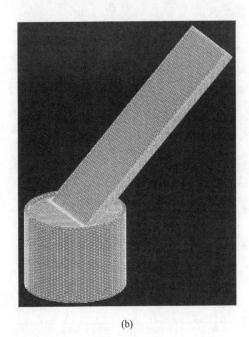

(b)

图 2.5　网格划分

（a）敞开式流动；（b）熔体约束流动

2.1.2.3 熔体的物理性能参数

对制备 CuSn10P1 合金半固态浆料过程中的温度场进行模拟计算,由于 ProCAST 软件中理论计算的物理参数与实际材料的物理参数存在差异, 因此, 在模拟计算前还需要确定以下热物理性能: 熔体在不同温度条件下的固相率、黏度、密度、导热系数和熔变。

A CuSn10P1 合金的固相率

半固态浆料的固相率直接影响合金熔体在某一温度的流动性与变形能力, 根据固相率的不同可以选择流变成形还是触变成形, CuSn10P1 的 DSC 曲线和合金固相率随温度的变化如图 2.6 所示。

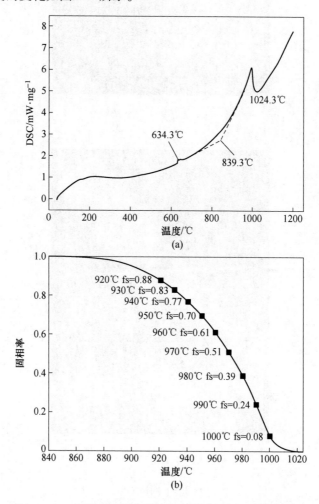

图 2.6 CuSn10P1 合金的 DSC 曲线 (a) 和固相率曲线 (b)

B CuSn10P1 合金的动力黏度

动力黏度决定合金熔体的流动性，影响合金熔体在敞开式冷却倾斜板或熔体约束流动通道内的流动形式和温度场分布，动力黏度随温度的变化曲线如图 2.7 所示。

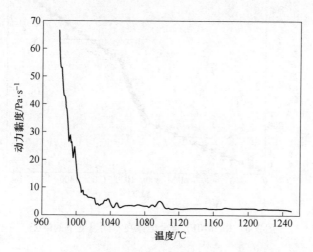

图 2.7 CuSn10P1 合金熔体在不同温度下的动力黏度

C CuSn10P1 合金的密度

密度主要影响合金凝固后体积的变化，模拟的温度场主要以液态和半固态为主，CuSn10P1 合金的密度随温度变化见表 2.1。

表 2.1 CuSn10P1 合金熔体不同温度下的密度

温度/℃	100	300	500	700	839	900	1024	1100	1200
密度/kg·m^{-3}	8723.7	8667.8	8597.7	8172.9	7911.4	7778.5	7492.9	7440.4	7370.1

D CuSn10P1 合金的导热系数

导热系数影响合金熔体在不同温度下的散热速度，CuSn10P1 合金在不同温度下的导热系数见表 2.2。

表 2.2 CuSn10P1 合金熔体不同温度下的导热系数

温度/℃	100	300	500	700	839	900	1024	1100	1200
导热系数/W·(m·K)$^{-1}$	78.3	79	80.1	72.5	82.9	84.9	72.4	75.3	79

E   CuSn10P1 合金的焓变

CuSn10P1 合金的焓变随温度变化曲线如图 2.8 所示。

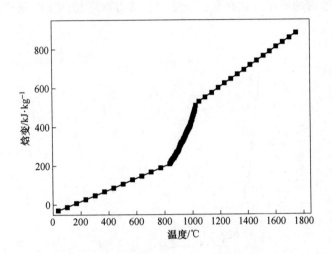

图 2.8   CuSn10P1 合金熔体在不同温度下的焓变

2.1.2.4   初始条件和边界条件

应用 ProCAST 软件进行半固态浆料制备过程中的温度场分布模拟时，需要设定初始条件和边界条件。根据图 2.4 的物理模型所示，不同位置设定的初始条件和边界条件如下：

（1）浇注入口金属熔体的初始温度分别设定为 1060℃、1080℃、1100℃，金属熔体的浇注速度恒定为 3kg/s，压力值为零；

（2）用于收集半固态浆料的石墨坩埚预热到 990℃，周围与气体接触，冷却方式设置为空冷；

（3）金属熔体与水冷冷却板接触面发生接触换热，换热系数为 3000W/$(m^2 \cdot K)$；

（4）金属熔体与气体发生辐射换热和对流换热，用换热系数来统一，换热系数为 30W/$(m^2 \cdot K)$；

（5）金属熔体与预热石墨坩埚发生接触换热，换热系数设定为 1500W/$(m^2 \cdot K)$。

2.1.3   熔体敞开式流动处理过程中温度场的模拟

熔体处理起始温度为 1080℃时，合金熔体上表面（与空气接触表面）、下表面（与水冷冷却板接触表面）和出口横截面的温度场分布如图 2.9 所示。可以发

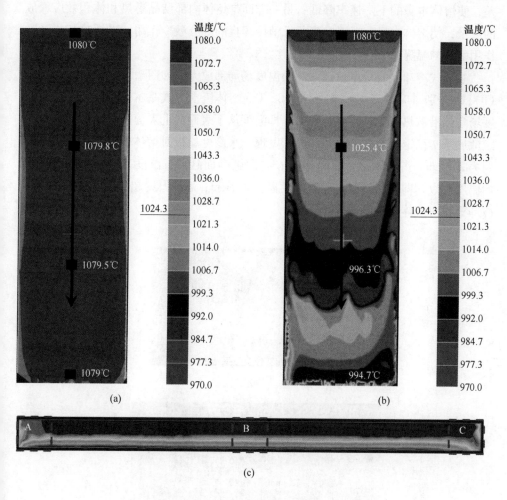

图 2.9 1080℃浇注时，合金熔体上表面（a）、下表面（b）
和出口横截面（c）的温度场分布

现，上表面从浇注入口到出口，温度只降低1℃，表明下表面冷却板对上表面的
金属熔体没有起到激冷作用，温度降低只是与空气对流换热的结果。下表面与水
冷冷却板接触，金属熔体发生接触换热而受到强烈激冷作用，热量散失比较快，
从浇注入口到出口的温降比较大，温度共降低85.3℃，而且温度的降低主要集中
在金属熔体刚与冷却板接触的阶段。原因是金属熔体刚开始浇注时，具备比较大
的过热度，与冷却板之间温度梯度大，合金熔体接触到冷却板后由于激冷作用使
温度快速降到液相线附近。进入液固两相区后，随着合金熔体的继续流动，温度
继续降低，但温降速率变缓。一方面是熔体温度的降低，缩小与冷却板之间的温

差，使熔体本身的下降速率降低；另一方面是熔体内部结晶潜热和体积效应释放的热量，使熔体内局部温度升高，抵消冷却板的部分激冷作用，减缓冷却板激冷作用引起的温降[8]。

　　敞开式冷却倾斜板出口横截面的温度场局部放大图如图2.10所示，图中(a)(b)(c)分别对应图2.9(c)中的A、B、C。熔体流动方式基本属于稳态层流，温度场整体沿散热方向呈梯度性分布，即温度从下表面向上表面逐渐增加，达到一定值后基本稳定。从图2.10(b)可以发现，水冷冷却板对熔体的激冷作用层厚度约为2.7mm，占熔体总厚度的54%；再向上表面延伸，温度基本与熔体处理起始温度一致，即表明温度边界层厚度仅为2.7mm；熔体厚度超出此厚度时，水冷冷却板将对熔体起不到激冷作用。

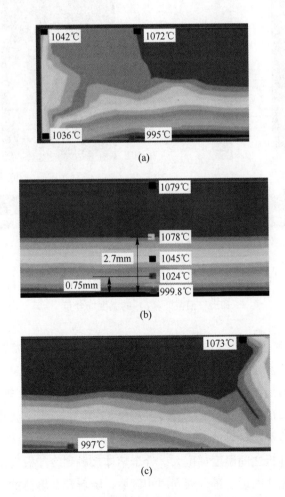

图2.10　敞开式倾斜板出口横截面温度场局部放大图

熔体温度处于半固态区间的厚度约为 0.75mm，约占熔体总厚度的 14.5%。由于处在半固态温度区间的范围较窄，当晶核在冷却板表面形成并随着熔体流动进入熔体内部时，熔体内部温度高于液相线，直径小的晶核被熔化，只有直径达到一定尺寸的晶核才能保存下来并长大成晶粒，晶核长大成晶粒的概率低，不利于合金显微组织的细化和圆整。因此需要对半固态浆料进行一定时间保温，使浆料内部温度场和浓度场变得均匀、坩埚壁上异质形核的脱落和浆料内部的形核均匀，最终长成等轴状或球状晶粒[9]。

侧壁对流动的金属熔体也具备较强的激冷作用，垂直于侧壁也是一个很重要的散热方向，金属熔体在紧贴侧壁处会出现一定厚度的激冷层，如图 2.9(c)、图 2.10(a)(c)所示。可以看出，从出口横截面中心向两侧的温度有略微降低；另外，由于顶角处的散热方向是垂直于冷却板和垂直于侧壁两个散热方向的共同作用，使顶角处的散热方向与侧壁、冷却板都成约为 135° 的夹角，导致两侧顶角处的温度场分布呈尖角状的形式。

敞开式冷却倾斜板出口处的固相率分布如图 2.11 所示。合金熔体温度决定固相率的高低，因此，固相率的分布与图 2.9(c)中温度场的分布规律一致。下表面的合金熔体与冷却板直接接触，发生接触换热，受到强激冷作用导致温降大、固相率最高，约为 18%；随着向上表面移动，合金熔体受到激冷作用逐渐减弱，固相率也逐渐降低。但当合金熔体温度略高于液相线时，仍有少量固相存在，原因可能是形成的晶核游离进熔体内部过程中不断长大，少部分直径足够大的晶粒存活，而直径小的则被熔化。

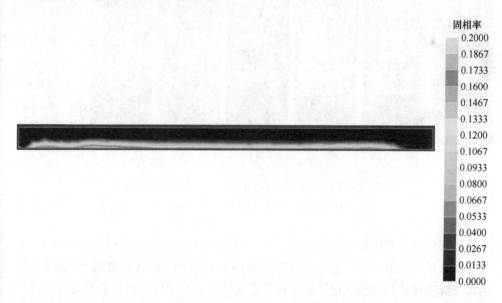

图 2.11　敞开式冷却倾斜板的固相率分布

综上所述，敞开式冷却倾斜板制备半固态浆料时温度场呈梯度式分布，下表面受冷却板激冷作用强，温度下降最快，上表面与空气接触基本不发生变化。冷却板对合金熔体作用的温度边界层约为 2.7mm，在流动过程中，上表面的高温熔体抵消部分冷却板对下表面合金熔体的激冷作用，降低冷却板的激冷效果。在冷却板表面形成的晶核向上表面游离过程中，直径小的晶核会被高温不断熔化，只有直径超过一定尺寸才能继续长大，进而影响冷却板对晶粒的细化效果。

2.1.4 熔体约束流动处理过程的温度场模拟

2.1.4.1 熔体处理起始温度对制浆过程中温度场分布的影响

不同熔体处理起始温度对金属熔体上下表面温度场分布规律的影响如图2.12所示。金属熔体处理起始温度一定时，熔体上下表面的温度场分布基本一致，但下表面温度要比上表面温度低 1~3℃。熔体上下表面的水冷程度虽然一样，但由于重力、结晶潜热和体积效应等原因，金属熔体向下表面的散热速率要比向上表面的散热速率稍快，下表面熔体受到的激冷比上表面稍强，与下冷却板接触的合金熔体温度略低。

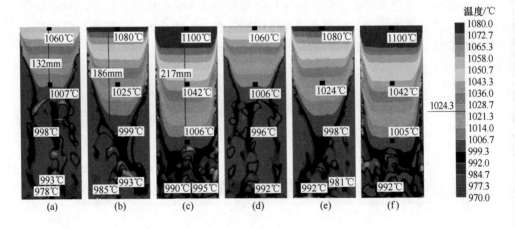

图2.12 不同熔体处理起始温度时上下表面温度场分布
(a)(d) 1060℃；(b)(e) 1080℃；(c)(f) 1100℃

当熔体处理起始温度变化时，通过上表面与下表面的温度场分布对比可知，从浇注入口至通道出口，熔体温度都呈逐渐降低趋势。熔体处理起始温度越高，熔体下降速率越快和金属熔体稳定流动距离越长。当熔体处理起始温度为1060℃时，上下表面稳定流动距离只有 132mm，随着熔体处理起始温度提高到1080℃

和1100℃时，上下表面稳定流动距离扩大到186mm和217mm。稳定流动结束时温度都在1000℃左右，与图2.2中黏度转变点1006℃时相近，温度降低到一定值时，熔体内部出现大量晶核，固相率增加使合金黏度增大，熔体的流动形式也发生改变。

将不同熔体处理起始温度时CuSn10P1合金半固态浆料制备过程中上表面液相线所在温度场的数据进行汇总比较，如图2.13所示。从图中可以发现，随着熔体处理起始温度的升高，液相线的形貌逐渐加深和变窄，两侧的液相线斜率也逐渐增加。随着熔体处理起始温度的降低，液相线距浇注入口的距离越短，金属熔体快速地进入固液两相区，流动性变差。

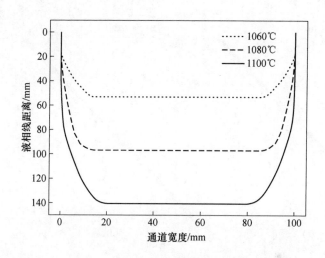

图2.13 不同熔体处理起始温度时上表面液相线的形貌和位置

浇注温度为1080℃的敞开式处理和不同起始温度的熔体约束流动诱导形核处理在对称中心面上的温度场分布规律如图2.14所示。可以看出，与冷却板表面接触的合金熔体都存在温度边界层，温度边界层厚度变化规律与图2.3计算的变化规律相一致，即随着流动长度增加，温度边界层厚度先快速增加然后增长速度变缓。合金熔体在熔体约束流动诱导形核通道内受上下冷却板的激冷，激冷效果比敞开式更强，温度场分布比敞开式流动处理更加均匀，上下表面的温度梯度对称分布。当合金熔体流动长度一定时，随着熔体处理起始温度的提高，此处的温度逐渐升高、温度边界层厚度逐渐降低，即合金熔体受到激冷的厚度逐渐变薄，不利于晶核的爆发性形核和游离晶核的存活，阻碍晶粒细化。

熔体约束流动诱导形核通道出口横断面上的温度决定着金属熔体半固态浆料

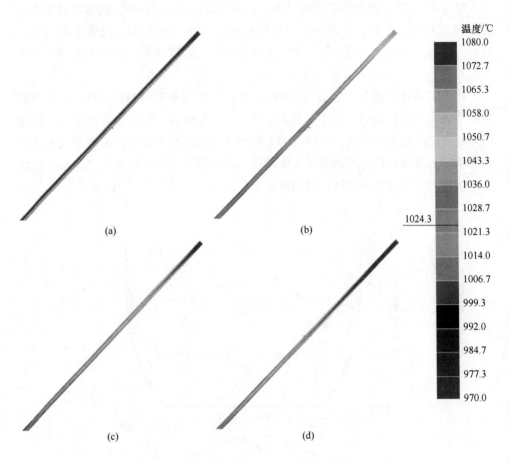

温度/℃

1080.0
1072.7
1065.3
1058.0
1050.7
1043.3
1036.0
1028.7
1024.3
1021.3
1014.0
1006.7
999.3
992.0
984.7
977.3
970.0

图 2.14　合金熔体在对称中心面的温度场分布规律
(a) 敞开式处理；(b) 1060℃；(c) 1080℃；(d) 1100℃

的固相率和流动性，对金属铸锭或铸件的质量、半固态浆料充型行为及铸锭或铸件的显微组织等有着直接的影响。因此，需控制金属熔体处理起始温度进而控制通道出口的温度，以达到控制半固态浆料质量和铸锭或铸件质量的目的。不同熔体处理起始温度时金属熔体在通道出口横断面上的温度场分布如图 2.15 所示，熔体处理起始温度直接影响金属熔体在熔体约束流动诱导形核通道出口横断面上温度场的分布，随着熔体处理起始温度升高，出口横断面上最高温度和最低温度也随之升高，半固态区间的占比降低。当熔体处理起始温度为1060℃时，通道出口横断面上最高温度为1027℃，横断面温度基本都在液相线以下，半固态区间比例高达97.2%；当熔体处理起始温度增加到1080℃时，通道出口横断面上最高温度为1044.5℃，横断面上半固态区间比例占73.5%；当熔体处理起始温度增加到1100℃时，通道出口横断面上最高温度为1059℃，横断面上半固态区间比例降为38.8%。可以看出，1060℃浇注时通道出口横断面上最高温度比1080℃和1100℃浇注时通道出口横断面上最高温度分别低17.5℃和32℃，最低温度比1080℃和1100℃浇注时通道出口横断面上最低温度分别低17℃和30℃，最高温与最低温的差值基本相同。

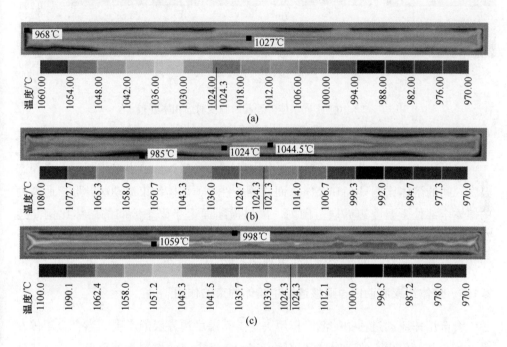

图2.15 不同熔体处理起始温度时熔体在出口横断面上温度场分布

(a) 1060℃；(b) 1080℃；(c) 1100℃

2.1.4.2 熔体处理起始温度对出口横断面上固相率的影响

不同熔体处理起始温度时熔体约束流动诱导形核通道出口横断面上固相率的分布如图2.16所示，其分布规律与图2.15中温度场的分布规律保持一致。当熔体处理起始温度为1060℃时，出口横截面上的固相率最高为53.1%，主要集中在出口横断面的两侧，固相率较高导致金属熔体流动性下降，高固相率处优先凝固并可能形成堆积进而堵塞制浆通道，影响半固态浆料制备的连续性。当熔体处理起始温度提高到1080℃和1100℃时，固相率最高为30.0%左右，且在出口横断面中心还有纯液相的存在，液相带动固相流动使金属熔体具有良好的固液协同流动性。

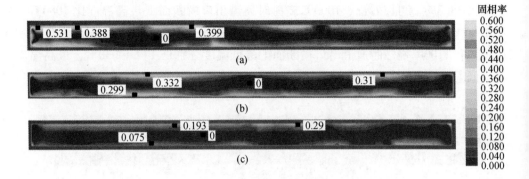

图 2.16　不同熔体处理起始温度时固相率分布
(a) 1060℃；(b) 1080℃；(c) 1100℃

综上所述，敞开式流动处理的温度边界层只有 2.7mm、出口横断面上半固态温度区间的熔体比例只有 14.5%，而同等条件下，熔体约束流动诱导形核通道内的熔体全部处于温度边界层范围内，出口横断面上半固态区间的熔体比例高达 73.5%。因此，半固态浆料制备过程中，熔体约束流动诱导形核通道的温度场分布比敞开式流动处理的温度场分布更加均匀。

2.1.5　熔体约束流动诱导形核通道中熔体约束的作用

合金熔体流动过程中的激冷作用决定了其温度边界层的厚度。当合金熔体在敞开式冷却倾斜板上流动时，其熔体厚度和流动方式的控制难度很大，合金熔体受到激冷的程度不一致，且冷却板对合金熔体的激冷厚度有限，在上表面一定厚度的熔体受不到激冷作用，导致最终显微组织存在很大差异。另外，熔体在敞开式冷却倾斜板上流动时，上表面与空气接触易被氧化，氧化渣随熔体进入半固态浆料，影响半固态浆料的质量和随后成形铸件的质量。而合金熔体在约束流动诱导形核通道内流动时，受到通道四周内壁的限制，其只能以长 100mm 和宽 5mm 的矩形截面进行流动，其流动厚度和流动方式稳定，且可以有效避免合金熔体被氧化。合金熔体受到四周冷却板强烈的激冷作用，其温度边界层形成由外向内的温度梯度，使出口横断面都处在温度边界层范围内，即整个出口横断面上的熔体都受到不同程度的激冷作用，使整个横断面上的温度场分布相对比较均匀，有利于异质形核和均质形核的同时进行。

根据速度边界层和温度边界层的计算，并结合敞开式流动处理和熔体约束流动处理的温度场分布模拟结果，参照 Zhao 等人[4] 的实验结果，设计熔体约束流动诱导形核通道高 5mm、宽 100mm、长 400mm；上下冷却板厚度为 5mm、上下冷却通道内水流量为 600L/h、熔体约束流动诱导形核通道与水平面夹角 θ 在 0°～80°范围内可调。熔体约束流动诱导形核装置如图 2.17 所示。

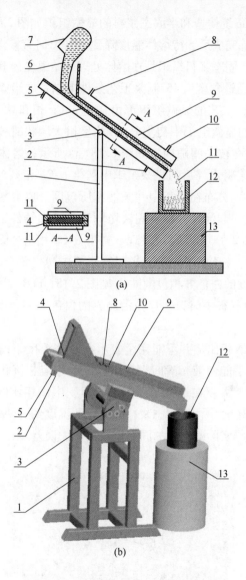

图 2.17　熔体约束流动诱导形核装置

（a）内部结构及熔体流动状态；（b）三维图

1—支架；2—下入水口；3—角度调节器；4—冷却水箱；5—下出水口；

6—金属液；7,12—坩埚；8—上出水口；9—上冷却水箱；

10—上入水口；11—半固态浆料；13—垫板

2.2　不同工艺下 CuSn10P1 合金
显微组织及元素分布

CuSn10P1 合金传统铸造和半固态浆料的显微组织如图 2.18 所示。传统铸造组织是合金熔体熔炼完成后，待熔体温度降到 1050℃时直接浇注金属型模具冷却得到的显微组织；半固态浆料组织是在熔体处理起始温度为 1080℃、冷却通道长度为 300mm、冷却通道角度为 45°制浆工艺条件下制备的半固态浆料直接水淬得到的显微组织。两种工艺的显微组织都由初生 α-Cu 相和晶间组织 α + δ + Cu₃P 相组成。传统铸造的显微组织中初生 α-Cu 相呈粗大网状树枝晶结构，晶间组织 α + δ + Cu₃P 相分布在枝晶间隙内，如图 2.18(a)所示；熔体约束流动诱导形核通道制备的半固态浆料水淬后的显微组织中初生 α-Cu 相呈等轴晶、近球状晶结构，初生 α-Cu 相均匀分布在液相中并被液相所包围，成形零件充型时有利于初生 α-Cu 相随着液相一起流动，提高固液协同流动性和铸件组织的均匀性，如图 2.18(b)所示。由图 2.18(c)(d)可发现，初生 α-Cu 相由外圈深色部分和中间浅色部分组成，如图中黑色虚线所示。半固态浆料中初生 α-Cu 相晶粒边缘存在沿晶界生长成一定厚度的白色 δ 相包围圈（见图 2.18(d)中箭头），而传统铸造中只有初生 α-Cu 相直径很小时，才存在沿晶界的白色 δ 相包围圈（见图 2.18(c)中虚线）。

显微组织中固液相比例并不能完全表示在某个温度下的准确液相率，因为水淬速度不够快，不能使液相瞬间完全凝固，一些液相沉积到生成的固相表面或者重新形成晶核长大，在最终凝固的显微组织中固相比例增加而液相比例降低[10]。例如图 2.18(b)中，半固态浆料处理完的温度约为 990℃，其理论固相率为 20% ~30%，但与实际凝固后的固相率存在较大误差。

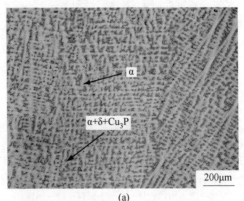

(a)

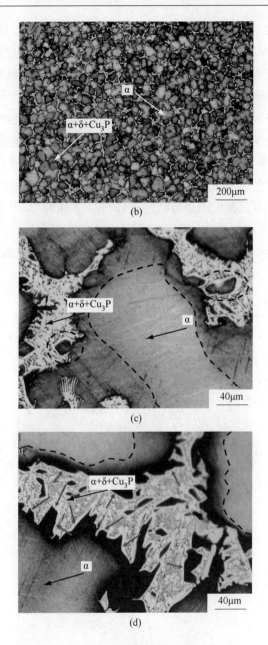

图 2.18　CuSn10P1 合金显微组织
(a)(c) 传统铸造；(b)(d) 半固态浆料

　　CuSn10P1 合金传统铸造与半固态坯料的扫描图如图 2.19 所示。对比图 2.19
(a)(b)可知，在传统铸造和半固态坯料的 CuSn10P1 合金显微组织中，由于锡元
素在不同物相或同一物相不同位置的含量不同，显微组织中存在 3 个不同的区

域，即亮白色区域、浅灰色区域和黑灰色区域，与金相图 2.18(c)(d) 相一致。图 2.19(a)(b) 中标注的点 1、点 2、点 3 相对应的 EDS 分析结果见表 2.3。随着颜色由深变浅，锡元素的质量分数逐渐增加。对比传统铸造和半固态坯料的 EDS 结果可知，半固态坯料的初生 α-Cu 相中心和边界的锡元素含量比传统铸造的初生 α-Cu 相中心和边界的锡元素含量高，而半固态坯料晶间组织的锡元素含量低于传统铸造晶间组织的锡元素含量。锡元素含量由低到高的分布如图 2.19(d)(e) 中箭头所示，各物相之间锡元素含量差变小，表明锡元素在半固态坯料中的分布比传统铸造中的分布更加均匀，晶间偏析得到一定程度的改善。根据 EDS 的分析结果可以表明显微组织是由初生 α-Cu 相、δ 相和 Cu$_3$P 相组成，与单质铜相比较，初生 α-Cu 相的晶面间距由于锡元素的固溶而引起晶面间距明显增大，如传统铸造的 CuSn10P1 合金试样中 α-Cu 相（200）晶面的间距由单质铜的 0.181nm 增加到了 0.18287nm[11]。

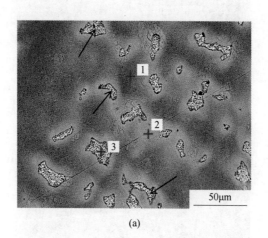

(a)

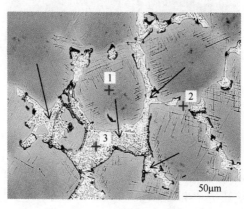

(b)

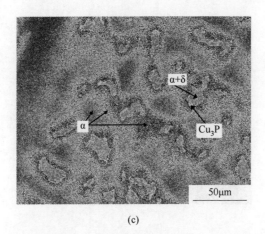

(c)

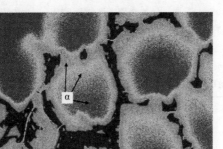

(d)

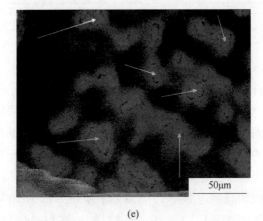

(e)

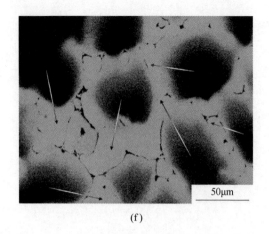

(f)

图 2.19   CuSn10P1 合金的扫描图

（a）传统铸造 BSE 图；（b）半固态坯料 BSE 图；（c）传统铸造 mapping 图；
（d）半固态坯料 mapping 图；（e）传统铸造的锡元素面分布图；
（f）半固态坯料的锡元素面分布图

表 2.3   CuSn10P1 合金传统铸造和半固态显微组织中不同位置的 EDS 结果

元素	传统铸造						半固态坯料					
	点 1		点 2		点 3		点 1		点 2		点 3	
	质量分数/%	摩尔分数/%	质量分数/%	摩尔分数/%	质量分数/%	摩尔分数/%	质量分数/%	摩尔分数/%	质量分数/%	摩尔分数/%	质量分数/%	摩尔分数/%
Cu	97.48	97.15	79.25	78.46	71.53	81.68	97.77	98.25	80.69	81.56	78.43	86.55
Sn	1.53	0.81	13.73	7.28	27.94	17.08	1.87	1.01	14.09	7.62	21.14	12.49
P	1.00	2.04	7.02	14.26	0.53	1.24	0.36	0.74	5.22	10.81	0.43	0.97

　　从图 1.2(a) 的 Cu-Sn 二元合金相图可知，当锡元素质量分数为 10% 时，在平衡凝固条件下，合金熔体中先析出初生 α-Cu 相，随后液相完全凝固，最终只生成初生 α-Cu 相。但实际凝固时冷却速度比较快，尤其是采用熔体约束流动诱导形核通道制备半固态浆料时，合金熔体在通道内的温度降低速率达到 450℃/s，比快速凝固过程中的冷却速率小，却远大于传统铸造工艺的冷却速率（一般小于 100℃/s），属于亚快速凝固范畴[12]。其平衡凝固过程被打破转变成非平衡凝固过程，相图中的固液相线向左偏移，则锡元素质量分数为 10% 的锡青铜合金在实际凝固过程会发生如式（1.1）~式（1.4）的一次包晶反应和两次共析反应，

最后形成初生 α-Cu 相和 δ 相。由于锡青铜的凝固结晶范围大（CuSn10P1 合金达到 185℃）且锡元素溶质分配系数小于 1[11]，从合金熔体中先析出的 α-Cu 相中的锡含量要比 β、γ 发生共析反应生成的初生 α-Cu 相中的低；而且随着温度的降低，锡元素在初生 α-Cu 相中的固溶度也随之降低，锡元素由初生 α-Cu 相中心通过晶粒边界向晶间迁移，形成的初生 α-Cu 相中心含锡量低、边缘次之的晶间含锡量最高的梯度分布。所以，图 2.19（a）（b）中亮白色区域即晶间组织含锡量最高，浅灰色区域次之，黑灰色区域最少。

同一张 mapping 图中不同颜色代表物相组成成分存在差异。初生 α-Cu 相中实际存在 3 个锡元素含量不同的区域，从中心到边缘锡元素含量逐渐增加，如图 2.19（c）（d）所示。过渡层可能是由式（1.1）包晶反应生成的 β 相和式（1.3）共析反应生成的 γ 相分解成的 α 相区域。此外，γ 相还分解成 δ 相，发生式（1.3）共析反应时锡元素从初生 α-Cu 相内向晶间组织迁移，而晶间组织内锡元素含量高，从初生 α-Cu 相内迁移出的锡元素在初生 α-Cu 相周围形成富集，围绕初生 α-Cu 相晶粒形成一圈白色的包围圈（见图 2.18（d））。

CuSn10P1 合金传统铸造和半固态坯料的物相分析如图 2.20 所示。通过与晶体数据（JCPDS 数据库）对比并分析 XRD 峰值进行物相的判定发现，传统铸造试样和半固态坯料试样都只检测到初生 α-Cu 相和 δ-Cu$_{31}$Sn$_8$ 相，没有检测到 Cu$_3$P 相的存在，可能是因为磷的含量只有 0.71%，而磷元素是铜合金的有效脱氧剂，在合金熔炼与半固态处理过程中防止熔体氧化消耗一部分的磷元素，剩余的磷元素与铜元素结合生成 Cu$_3$P 相，含量比较低，设备无法检测到。

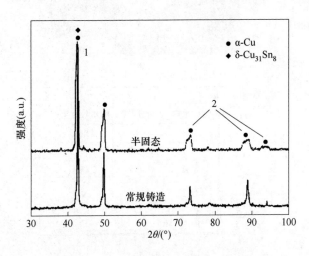

图 2.20　CuSn10P1 合金的物相分析

　　刘培兴等人[13]认为磷元素含量超过 0.3% 时，合金显微组织中将出现铜与磷的共晶体 Cu_3P 相，并且 Cu_3P 相呈片层状分布在初生 α-Cu 相的边缘，在图 2.19 中可以发现。由 XRD 图还可发现，半固态坯料的一些峰值相对于传统铸造试样的峰值强度降低，衍射峰的宽度变宽（如图中点 2 的峰），峰值半宽高的宽化一般是由晶粒细化、不均匀应变（微观应变）和堆积层错引起的。由于试样的制样过程一样，因此不均匀应变和堆积层错引起宽化的影响可以忽略，晶粒细化是引起峰值变宽与强度变弱的主要因素，与图 2.18 中显微组织由粗大树枝晶转变为细小等轴晶、近球状晶的改性结果相一致。图 2.20 中点 1 的峰发生向左偏移，表明锡元素在 α-Cu 相中的固溶度增加，与表 2.3 中的 EDS 结果相吻合。

　　晶间组织的扫描能谱分析如图 2.21 所示。初生 α-Cu 相边缘分布类似脚趾状的片层状相（图中点 1），采用能谱对其进行成分分析，铜与磷的原子比为 3.03：1，锡元素含量较少可以作为干扰项忽略，其化学式可以写成 $Cu_{3.03}P$，可以确定此项为 Cu_3P 相。对图中白色区域进行能谱分析测量其化学元素含量，锡元素的质量分数为 30.87%，与 δ 相中的锡元素质量分数 32.4% 非常接近[14]，可以认为白色物相为 δ 相。

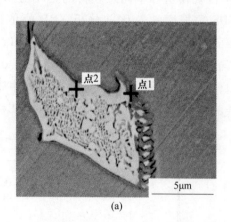

(a)

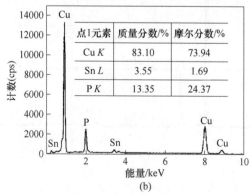

点1元素	质量分数/%	摩尔分数/%
Cu K	83.10	73.94
Sn L	3.55	1.69
P K	13.35	24.37

(b)

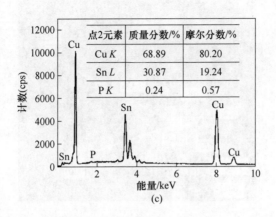

点2元素	质量分数/%	摩尔分数/%
Cu K	68.89	80.20
Sn L	30.87	19.24
P K	0.24	0.57

图 2.21　晶间组织的扫描能谱分析

为了进一步确认 CuSn10P1 合金中晶间组织物相的形态和分布，通过 TEM 暗场和选区电子衍射图样对物相进行研究和区分。CuSn10P1 合金 TEM 暗场像和衍射斑花样如图 2.22 所示，根据衍射斑标定分析可知，α-Cu 相弥散分布在 δ 相内；α-Cu 相为面心立方结构（见图 2.22(b)），其晶带轴取向为 [$\bar{1}$00]；δ 相为复杂立方结构，其晶带轴取向为 [001]；分布在晶界处的片层状相为六方晶系的 Cu_3P 相（见图 2.22(c)），其晶带轴取向为 [0$\bar{3}$1]。TEM 分析结果与图 2.21 中的能谱分析结果相符合。

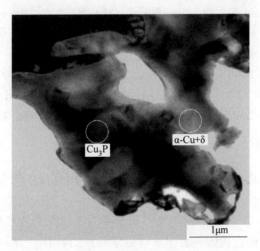

(a)

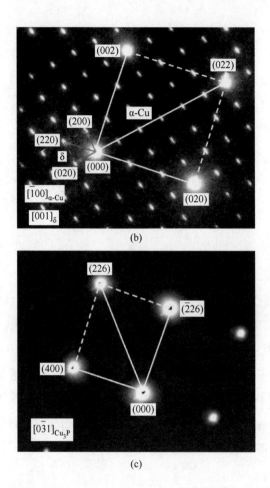

图 2.22 CuSn10P1 合金 TEM 及衍射斑花样

（a）TEM 暗场像；（b）初生 α-Cu 相和 δ 相选区电子衍射斑；（c）Cu₃P 相选区电子衍射斑

综上所述，CuSn10P1 合金传统铸造和半固态浆料的显微组织都由初生 α-Cu 相和晶间组织 α + δ + Cu₃P 相组成，熔体约束流动诱导形核通道可以把初生 α-Cu 相由粗大树枝晶细化为细小的等轴晶或近球状晶，也在一定程度上改善锡元素的晶间偏析现象。

2.3 CuSn10P1 合金半固态浆料的动态凝固行为

通过对 CuSn10P1 合金半固态浆料动态凝固过程中的传热和传质规律的分析，以及半固态浆料凝固过程中热力学和动力学条件的计算，为分析熔体约束流动诱导形核通道细化初生 α-Cu 相提供理论基础。

2.3.1 半固态浆料动态凝固过程中的传热和传质规律

2.3.1.1 半固态浆料动态凝固过程中的传热规律

采用熔体约束流动诱导形核通道制备合金半固态浆料时，合金熔体凝固过程中热量的传递主要以热传导为主，热辐射和热对流为辅，控制方程见式（2.6）：

$$\rho c \left(\frac{\partial T}{\partial t} + v_x \frac{\partial T}{\partial x} + v_y \frac{\partial T}{\partial y} + v_z \frac{\partial T}{\partial z} \right) = q + \frac{\partial}{\partial x} \left(k_x \frac{\partial T}{\partial x} \right) + \frac{\partial}{\partial y} \left(k_y \frac{\partial T}{\partial y} \right) + \frac{\partial}{\partial z} \left(k_z \frac{\partial T}{\partial z} \right)$$

(2.6)

式中 ρ——密度；

   c——比热容；

   T——温度；

   t——时间；

   q——单位体积热生成率；

k_x, k_y, k_z——x、y、z方向上的热传导率；

v_x, v_y, v_z——x、y、z方向上的质量传输速度。

合金熔体在熔体约束流动诱导形核通道内凝固时还需要考虑凝固潜热的释放。假设单位时间和单位面积内合金凝固产生的固相增长率为$\frac{\partial f_s}{t}$，则增加的潜热为$\rho L \left(\frac{\partial f_s}{t} \right)$（其中，$L$为结晶潜热，J/kg；$f_s$为合金熔体的固相率）。

熔体约束流动诱导形核通道内壁为平直面，合金熔体在内部流动时的传热方向垂直冷却通道内表面且指向冷却通道外部。CuSn10P1 合金在冷却通道内凝固的显微组织如图 2.23 所示，当合金熔体未在冷却通道内部流动时，晶粒优先沿着散热方向的反方向择优生长，合金熔体受到冷却通道内壁激冷作用大量形核，晶核开始向熔体内部游离，形成二次枝晶臂细小的树枝晶组织（见图 2.23（a））。当合金熔体在熔体约束流动诱导形核通道内流动时，冷却通道内壁爆发性形成的晶核除自动游离进入合金熔体外，在熔体流动冲刷下迫使晶核离开冷却通道内壁进入熔体内部，晶核随着熔体流动而在熔体内部发生不停的平移和转动，使晶核的传热行为更加复杂。每个晶核各个方向的温度场和浓度场不停变化，使晶核各个方向的散热和生长概率更加均衡，这种晶核的动态传热规律促进熔体约束流动诱导形核通道爆发性形核和形成细小的等轴晶或球状晶（见图 2.23（b））。合金凝固组织为细小等轴晶粒，表明合金熔体在冷却通道内部流动时的温度场和成分场相对更加均匀，晶核的择优生长方向被抑制，向各个方向的生长速率基本一致，最终形成晶粒细小且分布均匀的凝固组织，与图 2.15 模拟的结果相吻合。

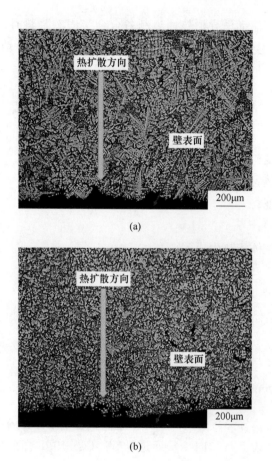

图 2.23　CuSn10P1 合金在冷却通道内壁静态凝固组织（a）
和流动 300mm 处的凝固组织（b）

2.3.1.2　半固态浆料动态凝固过程中的传质规律

熔体约束流动诱导形核通道制备半固态浆料时，合金熔体在流动过程中的传质遵循扩散第二定律：

$$\frac{\partial \rho}{\partial t} = D\left(\frac{\partial^2 \rho}{\partial x^2} + \frac{\partial^2 \rho}{\partial y^2} + \frac{\partial^2 \rho}{\partial z^2}\right) \tag{2.7}$$

式中　ρ——溶质浓度，kg/m^3；

D——溶质扩散系数，m^2/s。

可见，溶质扩散系数是影响溶质扩散过程的主要因素，它与溶质浓度梯度、温度及流动状态等因素有关。

为了研究熔体约束流动诱导形核通道制备半固态浆料时合金动态凝固过程中的传质规律，采用熔体处理起始温度为1080℃、冷却通道长度为300mm和冷却通道角度为45°的工艺参数，先把冷却通道出口采用水玻璃砂封住，然后把达到浇注条件的合金熔体浇注到冷却通道内，获得如图2.24所示的铸件，在图中标记位置取样，对平行于冷却通道方向和垂直冷却通道方向分别进行成分分析。

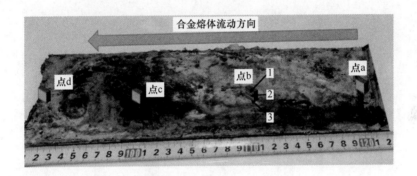

图2.24　成分场分析位置图

冷却通道内各位置具体成分见表2.4，各位置成分对比如图2.25所示。冷却通道内各位置成分非常接近，表明合金熔体在冷却通道内的流动过程不存在严重的区域偏析。合金熔体在冷却通道内流动过程中的对流效果提高了第二扩散定律中的扩散系数，加速溶质在合金熔体中的扩散速率，为爆发性形核和形成等轴晶或球状晶提供了重要条件。

表2.4　冷却通道内各部分成分　　　　　　　　　（%）

元素	点 a			点 b			点 c			点 d		
	1	2	3	1	2	3	1	2	3	1	2	3
Cu	89.33	88.95	89.07	89.05	88.98	89.04	89.07	89.12	89.12	89.19	88.94	89.15
Sn	9.86	10.35	10.15	10.21	10.24	10.17	10.26	10.19	10.15	9.98	10.24	10.16
P	0.81	0.70	0.78	0.74	0.78	0.79	0.67	0.69	0.73	0.83	0.82	0.69

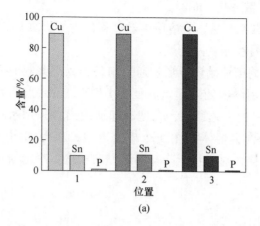

(a)

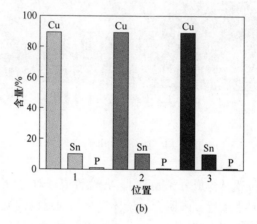

(b)

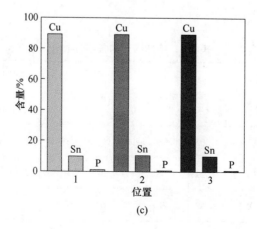

(c)

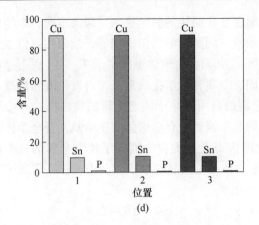

图 2.25　冷却通道内各部位成分对比

(a) 点 a；(b) 点 b；(c) 点 c；(d) 点 d

2.3.2　半固态浆料动态凝固的热力学条件

热力学第二定律指出[15]，热传导的过程具有方向性，即在恒温恒压条件下，物质系统总是自发地从体系自由能高的状态向体系自由能低的状态转变。在合金熔体凝固过程中，如果液相的自由能高于固相的自由能，为使系统的自由能下降，则液相会自发地向固相转变，即开始凝固；如果固相的自由能高于液相的自由能，则固相会自发地向液相转变，即合金开始熔化。在恒温恒压条件下，液固两相的自由能 G 可以用式（2.8）~式（2.10）表示：

$$G = H - TS \qquad (2.8)$$

式中　H——焓；

　　　T——热力学温度；

　　　S——熵。

经过推导可得：

$$\mathrm{d}G = V\mathrm{d}p - S\mathrm{d}T \qquad (2.9)$$

在恒压条件下，$\mathrm{d}p = 0$，则式（2.9）可简化为：

$$\frac{\mathrm{d}G}{\mathrm{d}T} = -S \qquad (2.10)$$

因为 S 恒为正值，所以液固金属自由能 G 随温度提高而减小。

液态和固态的吉布斯自由能随温度变化示意图如图 2.26 所示。熵表示体系的混乱程度，在相同条件下，合金熔化破坏了原子的长程有序排列和原子的振动幅度，导致液态的熵值 S_L 大于固态的熵值 S_S。根据式（2.8）可知，随着温度的降低，液、固两相的吉布斯自由能都增加，但由于液态熵值大于固态熵值，即液相吉布斯自由能随温度变化曲线的斜率更大，两条不同斜率的曲线必在某一温度相交，在这一点表示液、固两相的自由能相等，故两相可以平衡存在，此时的温度即为理论结晶温度 T_m。当合金熔体温度高于 T_m 时，固态金属的自由能高于液态金属的自由能，固态金属开始熔化成液态，自发向液态转变；当合金熔体温度低于 T_m 时，液态金属的自由能高于固态金属的自由能，合金熔体开始凝固，液态开始向固态发生转变。因此，合金熔体要想结晶，合金熔体的温度就要低于理论结晶温度 T_m，此时固态金属的自由能低于液态金属的自由能，液、固两相的自由能差 ΔG 是合金熔体开始结晶的形核驱动力。在一定温度下，从一相转变为另外一相的自由能变化为：

$$\Delta G = \Delta H - T\Delta S \tag{2.11}$$

令液相到固相转变的单位体积自由能变化为 ΔG_v，则：

$$\Delta G_v = G_S - G_L \tag{2.12}$$

式中　G_S，G_L——固相和液相单位体积自由能。

将式（2.11）代入式（2.12）得：

$$\Delta G_v = (H_S - H_L) - T(S_S - S_L) = -L_m \frac{\Delta T}{T_m}$$

$$\Delta T = T_m - T \tag{2.13}$$

式中熔点 T_m 与实际结晶温度 T 之差，称为过冷度。

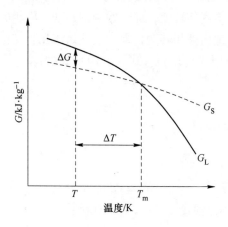

图 2.26　自由能随温度变化示意图

由式（2.13）可知，当合金体系确定，合金的熔化热与熔点都确定，合金相变的驱动力与过冷度成正比，过冷度越大，相变驱动力也就越大，相变越容易发生。而过冷度只与实际结晶温度 T 有关，冷却速度越快，实际结晶温度越低，过冷度越大，合金熔体凝固越快，即合金冷却速度越快，相变驱动力越大，相变越容易进行。

将熔体约束流动诱导形核通道装置上下冷却板表面通有 600L/h 的循环冷却水，经实验测定与计算，CuSn10P1 合金熔体在冷却通道内流动时间约为 0.2s，温度降低约为 90℃，合金熔体在冷却通道内温降速度约为 450℃/s（传统铸造一般小于 100℃/s），属于亚快速凝固范畴[12]。高冷却速度引起大的过冷度进而使合金熔体具备较大的相变驱动力，有利于合金熔体爆发性形核。因此，熔体约束流动诱导形核通道满足 CuSn10P1 合金晶粒细化的热力学条件。

2.3.3　半固态浆料动态凝固的动力学条件

采用熔体约束流动诱导形核通道制备 CuSn10P1 合金半固态浆料时，合金熔体在通道内的温度降低速率约为 450℃/s，比快速凝固过程中的冷却速率小，远没有达到直接形成非晶的凝固条件，在结晶过程中仍然遵循传统的均质形核和异质形核两个过程。

2.3.3.1　均质形核

合金熔化后液态中存在结构起伏，当温度降到熔点以下获得一定的过冷度时，固相的吉布斯自由能低于液相的吉布斯自由能，液相开始自发地转变成固相。当过冷合金熔体中出现晶胚时，一方面原子从液态的聚集态转变为固态的排列状态，使系统内的自由能下降，这是相变驱动力；另一方面，合金熔体中新的晶胚形成新的表面，又会增加系统内的表面自由能，这是相变阻力。当具有一定过冷度的合金熔体中出现一个晶胚时，晶胚的临界形核半径 r^* 和临界形核功 ΔG^* 分别为[15]：

$$r^* = \frac{2\sigma \cdot T_{\mathrm{m}}}{\Delta H \cdot \Delta T} \tag{2.14}$$

$$\Delta G^* = \frac{16\pi\sigma^3 \cdot T_{\mathrm{m}}^2}{3\Delta H^2 \cdot \Delta T^2} \tag{2.15}$$

式中　σ——界面能；

　　ΔH——凝固焓变，在恒压条件下与结晶潜热相等。

界面能 σ 随温度变化不大，可视为定值。由式（2.14）可知，临界半径 r^* 与过冷度 ΔT 成反比，过冷度越大，临界形核半径 r^* 的值就越小，形成稳定晶胚的概率就越大，晶核的数量也越多。由式（2.15）可知，当合金体系确定，临界形核功 ΔG^* 只与过冷度 ΔT^2 成反比，过冷度越大，形成晶核所需要的形核功越小，越容易形核。

根据 Spaepen 和 Meyer[16]构建的单原子系固液界面几何模型，并考虑组态熵变化估算界面自由能如下：

$$\sigma = \frac{\alpha \cdot \Delta S \cdot T}{(N \cdot V_{\mathrm{m}}^2)^{1/3}} \tag{2.16}$$

式中 α——结构因子；

　　ΔS——熔化熵；

　　T——熔体温度；

　　N——阿伏伽德罗常数，$N = 6.02 \times 10^{23}/\text{mol}$；

　　V_m——熔体的摩尔体积。

本书中 CuSn10P1 合金的相关参数见表 2.5。

表 2.5　CuSn10P1 合金参数

参　数	数　值
理论结晶温度 $T_\text{m}(1297.5\text{K})/℃$	1024.3
面心立方晶格结构因子 α[17-18]	0.54
熔化熵 ΔS[19]$/\text{J} \cdot (\text{mol} \cdot \text{K})^{-1}$	9.4939
熔体在熔点处的摩尔体积 $V_\text{m}/\text{m}^3 \cdot \text{mol}^{-1}$	8.7894×10^{-6}

把相关参数代入式（2.16）可得界面能与温度的关系如图 2.27 所示，界面能与温度基本呈线性关系，但不同温度下合金熔体的密度不同，导致合金熔体在不同温度下的摩尔体积发生变化，界面能与温度并不是标准的线性关系。在固相线 839.3℃时的界面能为 0.165J/m²，在液相线 1024.3℃时的界面能为 0.185J/m²。

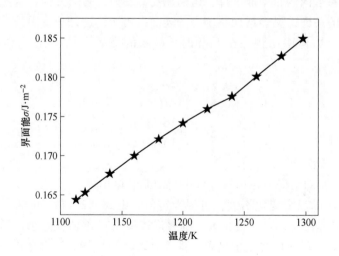

图 2.27　界面能与温度的关系

表 2.6 中的 CuSn10P1 合金的凝固焓变是采用摩尔分数加权法计算得到的，合金的凝固焓变值 ΔH 为 $1.426 \times 10^6 \text{kJ/m}^3$。把合金在液相线处的界面能、凝固焓变及熔点代入式（2.14）和式（2.15），计算获得 CuSn10P1 合金均质形核临界形核半径、临界形核功与过冷度的关系，如图 2.28 所示。从图中可知，均质

形核临界形核半径和临界形核功随着过冷度的增加而降低，在过冷度很小时，均质临界形核半径和临界形核功随过冷度的增加急剧下降。过冷度达到一定值（10K）时，随着过冷度的增加，均质临界形核半径和临界形核功基本趋于平稳。过冷度为 1K 时的临界形核半径为 336.7nm、临界形核功为 8.78×10^{-14} J；当过冷度达到 10K 时的临界形核半径仅为 33.67nm、临界形核功为 8.78×10^{-16} J，比过冷度为 1K 时的临界形核半径和临界形核功缩小 100 倍。过冷度的增加降低临界形核半径和临界形核功，大幅度提高晶核长大成晶粒的概率，有利于晶核大量形成和抑制晶粒长大，从而细化晶粒。

表 2.6　CuSn10P1 合金凝固焓变计算

元素	Cu	Sn	P
质量分数/%	89	10	1
摩尔分数/%	92.32	5.55	2.13
凝固焓变/kJ·mol^{-1}	13.138	7.029	0.659
组分凝固焓变/kJ·mol^{-1}	12.1290	0.3901	0.0140

注：$\Delta H = \sum \Delta H_i = 12.533 \text{kJ/mol} = 1.426 \times 10^6 \text{kJ/m}^3$。

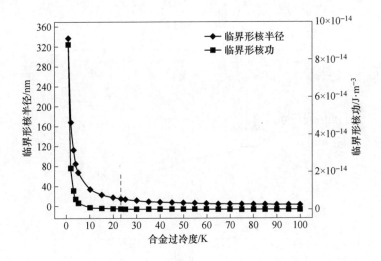

图 2.28　CuSn10P1 合金过冷度与均质形核的临界形核半径和临界形核功的关系

　　CuSn10P1 合金在熔体约束流动诱导形核通道内温度随时间变化的凝固曲线如图 2.29 所示。从凝固曲线中可观察到明显的小斜率斜坡，即"再辉"现象[20-24]，该现象是 CuSn10P1 合金凝固过程中发生包晶反应时释放结晶潜热形成的，但一般的包晶反应在凝固曲线上为平台或者温度略升的凸起[15,20]，而

CuSn10P1 合金的包晶反应为小斜率斜坡，原因可能是 CuSn10P1 合金在相图上不会发生包晶反应，而在实际凝固过程中由于非平衡凝固导致相图偏移才引发式 (1.1) 的包晶反应，因此包晶反应程度弱、释放结晶潜热少，抵消温度快速下降形成了小斜率斜坡。根据凝固曲线前期放大图可知，CuSn10P1 合金在熔体约束流动诱导形核通道内凝固时初生 α-Cu 相形核过冷度约为 23.5℃[22-23]，代入式 (2.14) 和式 (2.15) 可得，此时初生 α-Cu 相的临界形核半径为 14.33nm、临界形核功为 1.59×10^{-16}J。

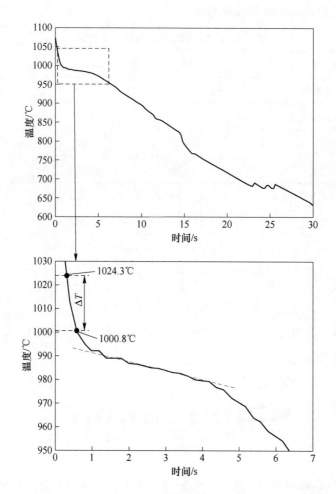

图 2.29　CuSn10P1 合金在熔体约束流动诱导形核通道内的凝固曲线

2.3.3.2　异质形核

液态金属均质形核所需要的过冷度约为 $0.2T_m$，熔体约束流动诱导形核通道为合金熔体提供很大的冷却速度即提供了较大的过冷度，促进合金熔体均质形核的产生，但冷却通道内壁为合金熔体的形核提供了形核基底，且异质形核的形核驱动力较小，在小的过冷度下就可以大量形核，达到细化晶粒的目的，这也是熔体约束流动诱导形核通道制备等轴晶或球状晶的重要原因之一。

假设在冷却通道内壁上形成一个晶核是半径 r 的圆球，被冷却通道内壁截取的部分为球冠状，则异质形核时临界晶核半径 $r_{异}^*$ 和临界形核功 $\Delta G_{异}^*$ 分别为[15]：

$$r_{异}^* = -\frac{2\sigma_{\alpha L}}{\Delta Gv} = r_{均}^* \tag{2.17}$$

$$\Delta G_{异}^* = \frac{16\pi\sigma_{\alpha L}^3 \cdot T_m^2}{3\Delta H^2 \cdot \Delta T^2}\frac{2 - 3\cos\theta + \cos^3\theta}{4} = \Delta G_{均}^* f(\theta) \tag{2.18}$$

式中　$\sigma_{\alpha L}$——晶核 α 与液相 L 的比表面能；

　　　θ——晶核与基底之间的润湿角；

　　$f(\theta)$——与润湿角 θ 相关的系数。

从式（2.17）和式（2.18）可知，合金熔体在熔体约束流动诱导形核通道内流动过程中异质形核的临界形核半径和均质形核的临界形核半径相等，但异质形核的临界形核功小于均质形核的临界形核功，它们的比值由润湿角决定。经过计算得到的润湿角函数 $f(\theta)$ 值见表 2.7。润湿角小时润湿性好，异质形核的临界形核功也小，可以爆发性形成大量晶核，细化晶粒；当润湿角接近 180° 时，合金熔体和基底基本不润湿，此时异质临界形核功接近均质的临界形核功，在基底上形核困难。一般情况下，润湿角处于 0° ~ 180° 之间，即 $0 < f(\theta) < 1$，异质形核的临界形核功总是小于均质形核的临界形核功，因此，实际凝固过程中以异质形核为主要的形核方式。

表 2.7　润湿角函数值

$\theta/(°)$	0	20	40	60	80	100	120	140	160	180
$f(\theta)$	0	0.0027	0.0378	0.1560	0.3706	0.6283	0.8432	0.9619	0.9973	1

CuSn10P1 合金与石墨在 1080℃ 时的润湿宏观形貌如图 2.30(a) 所示，在 1080℃ 恒温 10min 然后以约 15℃/min 的降温速率降到 990℃，过程中润湿角随时间变化的关系如图 2.30(b) 所示。在 1080℃ 恒温及降温过程中 CuSn10P1 合金与石墨的润湿角在 121.1° ±0.3° 之间变化，平均值为 121°，表明 CuSn10P1 合金随着温度降低即凝固过程中，其与石墨板之间的润湿性保持恒定，与 Salacz Illés 等人研究的 Cu90Sn10 与石墨板之间的润湿角值基本一致[25]，这也表明少量磷元素的添加不影响 Cu90Sn10 与石墨之间的润湿性。

CuSn10P1 合金非均质形核临界形核半径、临界形核功与过冷度的关系如图

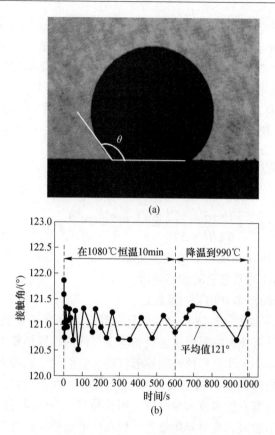

图 2.30　CuSn10P1 合金与石墨润湿性
(a) 润湿形貌；(b) 接触角与润湿时间的关系

2.31 所示。CuSn10P1 合金在熔体约束流动诱导形核通道内凝固时初生 α-Cu 相形核过冷度约为 23.5℃、异质形核的临界形核半径为 14.33nm、临界形核功为 1.35×10^{-16}J，与均质形核相比临界形核功降低了 15 个百分点，异质形核更加容易进行。

　　为研究冷却通道表面对 CuSn10P1 合金异质形核的影响，进行两组对比实验，一组是将 1080℃过热 CuSn10P1 合金熔体浇入室温水中直接水淬，另外一组是将 1080℃过热 CuSn10P1 合金熔体滴在冷却通道表面让其快速凝固，观察两组凝固后的显微组织，如图 2.32 所示。对比两组显微组织可知，合金熔体在冷却通道表面的凝固组织比直接水淬组织更加细小，等轴晶或球形晶的比例高，且枝晶组织基本消失，可见冷却通道表面的异质形核能力比较强，合金熔体在冷却通道表面受到强激冷瞬间爆发性形核，使得凝固后显微组织更加细小。因此，熔体约束流动诱导形核通道制备 CuSn10P1 合金半固态浆料过程中，合金熔体在通道内壁表面异质形核是重要的形核机制之一。

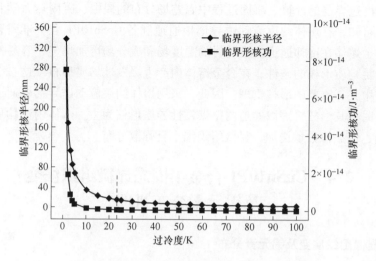

图 2.31 CuSn10P1 合金过冷度与异质形核的临界形核半径和临界形核功的关系

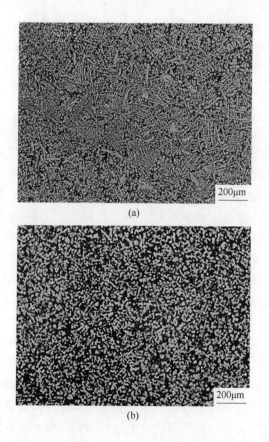

图 2.32 CuSn10P1 合金水淬（a）和冷却通道表面（b）的异质形核组织

　　由温度边界层的计算、凝固过程中温差场分布的模拟、凝固热力学和动力学计算结果可知，在熔体约束流动诱导形核通道制备 CuSn10P1 合金半固态浆料过程中，合金熔体在冷却通道内流动时的温度场和成分场更加均匀，容易使合金熔体内部满足均质形核的条件，在合金熔体内产生爆发性均质形核，这是合金熔体流动过程中又一重要的形核机理。因此，采用熔体约束流动诱导形核通道制备半固态浆料时，其形核机理以通道内壁爆发性异质形核为主，熔体内部均质爆发性形核为辅，使晶核数量增加，显微组织细小且弥散分布。

2.4　CuSn10P1 合金半固态显微组织演变及锡元素分布机理

2.4.1　显微组织演变及锡元素分布

2.4.1.1　熔体约束流动诱导形核通道内显微组织演变

　　当熔体处理起始温度为 1080℃、冷却通道角度为 45°、冷却通道长度为300mm 时，CuSn10P1 合金熔体在冷却通道内组织演化过程及局部放大图如图2.33 所示，其中图 2.33(a)～(d)对应图 2.24 中点 a、点 b、点 c、点 d 4 个位置，图 2.33(e)～(h)分别为对应的局部放大图。合金熔体刚接触到冷却通道而未流动时，凝固方式类似定向凝固，接触冷却通道下表面的合金熔体受到瞬间激冷而大量形核形成细晶区（见图 2.33(a)中（Ⅰ）区域）；上表面需要合金熔体充填才接触，受到激冷后形成的晶核在自身重力下容易游离进入熔体内部，没有出现细晶区。从冷却通道内壁向熔体中心则是沿散热方向生长的枝晶，具有明显的择优取向，如图 2.33(a)中（Ⅱ）区域所示。熔体中心区域凝固最晚，温降受冷却通道影响最小，没有明显的散热方向，枝晶生长方向杂乱无章，如图 2.33(a)中（Ⅲ）区域所示，与图 2.14 中温度场的模拟结果相稳合。

　　当合金熔体的流动距离达到 100mm 时，粗大树枝晶状的显微组织全部消失，转变成蠕虫状、小枝晶或等轴状晶，晶粒与晶粒之间存在粘连现象且组织粗大。另外，靠近冷却通道上下表面位置的晶核数量明显中心区域多，分布密集。主要是因为靠近冷却通道表面发生爆发性异质形核，合金熔体在冷却通道内部流动距离短，在冷却通道表面形成的大量晶核来不及充分地游离到合金熔体内部就凝固，在冷却通道上下表面形成堆积层，出现晶核富集现象，如图 2.33(b)所示。

　　当合金熔体的流动距离增加到 200mm 时，显微组织全部以等轴状晶或球状晶为主，且显微组织在基体中弥散分布。合金熔体在冷却通道内部流动距离的增加，一方面增加合金熔体与冷却板内壁的接触面积，增加异质形核数量；流动距离增加也延长了合金熔体的流动时间，冷却槽内壁上形成的晶核在合金熔体冲刷

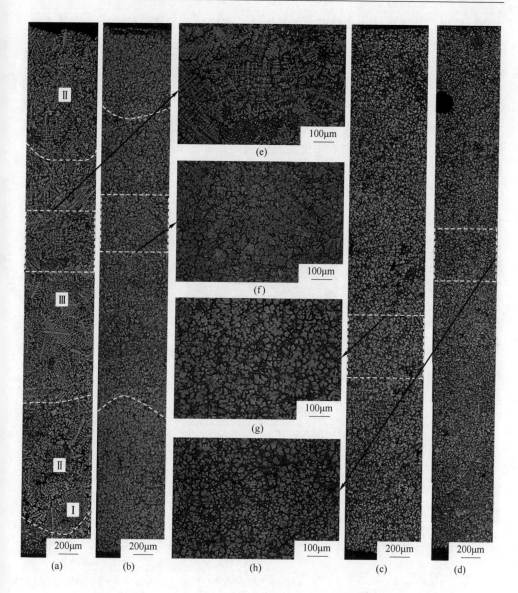

图 2.33 熔体处理起始温度为 1080℃时冷却通道内显微组织的演化过程

作用和其本身的游离作用下进入熔体内部。另一方面，流动距离的增加使合金熔体内部的温度场和成分场更加均匀，可能满足均质形核的条件进行均质形核。在异质形核和均质形核的共同作用下，最终形成均匀分布的细小晶粒，如图 2.33 (c)(g)所示。

当合金熔体的流动距离增加到 300mm 时，在冷却通道内的流动时间进一步延长，合金熔体流动与冷却通道激冷共同作用下，熔体内部的温度场和成分场进一步均匀化，异质形核和均质形核的数量进一步增加，晶核数量的增加使晶核长大时对周围溶质的吸收竞争更加激烈，限制周围晶核的长大速率，最终形成更加细小且弥散分布的晶粒，如图 2.33(d)(h)所示。

2.4.1.2　熔体约束流动诱导形核通道内锡元素分布

当熔体处理起始温度为 1080℃、倾斜角度为 45°、通道长度为 300mm 时，熔体约束流动诱导形核通道内不同位置的扫描结果如图 2.34 所示。通过线扫描结果可知，在初生 α-Cu 相中存在明显的过渡层，锡元素在初生 α-Cu 相中心的质量分数较低，而外圈的质量分数较高，随着冷却通道长度的增加，初生 α-Cu 相中

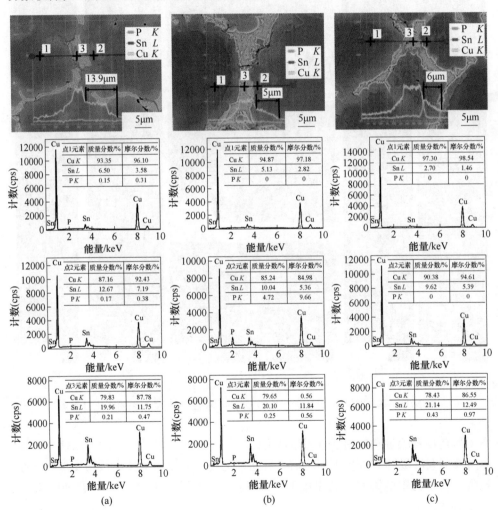

图 2.34　熔体处理起始温度为 1080℃时不同位置的 SEM-EDS 分析

((a)(b)(c)对应图 2.24 中 b、c、d 3 点位置)

含锡元素质量分数较高的外圈厚度逐渐减小。冷却通道长度为 100mm 即 B 点位置为 13.9μm；冷却通道长度为 200mm 即 C 点位置为 7.5μm；冷却通道长度为 300mm 即 D 点位置时最薄，仅为 6μm。形成这种分布特征的原因是随着冷却通道长度的增加，合金熔体的冷却时间延长，熔体温度降低，锡元素在初生 α-Cu 相内固溶度逐渐降低和扩散时间长，锡元素从初生 α-Cu 相向液相扩散，而液相中锡元素的含量比初生 α-Cu 相高，锡元素从初生 α-Cu 相向液相扩散时在晶界处堆积，形成初生 α-Cu 相外圈含量高且外圈厚度变薄的现象。

由图 2.34(a)中线扫描的锡元素分布曲线可知，在初生 α-Cu 相的外圈中存在稳定的含锡元素区域，锡元素的质量分数约为 12.67%，接近锡元素在初生 α-Cu 相中的极限固溶度（12%）[26]。形成稳定区域的原因可能是冷却通道长度仅为 100mm，溶解在初生 α-Cu 相中的锡元素还没来得及扩散进入周围液体内就已经凝固。

温度影响锡元素在初生 α-Cu 相中的固溶度，随着冷却通道长度增加，制备的浆料温度越低，锡元素在初生 α-Cu 相中的固溶度越低，初生 α-Cu 相的外圈厚度越薄。对比 3 种不同冷却通道长度中点 1、点 2 和点 3 的 EDS 结果可知，随着冷却通道长度的增加，初生 α-Cu 相（点 1 和点 2）中的锡元素的质量分数逐渐降低，而在点 3 处的质量分数逐渐增加，这与上述锡元素的扩散规律一致。

2.4.2 显微组织演变及锡元素分布机理

2.4.2.1 显微组织演变机理

在熔体约束流动诱导形核通道制备半固态浆料过程中，当合金熔体浇注到四周冷却的通道内，过热熔体受到冷却通道的激冷作用在冷却通道内壁表面大量形核。熔体流动惯性使熔体内分布着剪切应力，在熔体与内壁接触区域形成的初始晶粒从冷却通道内壁脱离，游离进入熔体内部。因此，冷却通道内壁可促进形成新的晶核，有利于晶核从内壁连续分离，使流动的合金熔体在冷却通道出口处形成半固态浆料。

初生 α-Cu 相在冷却通道内壁形成时会发生溶质再分配，溶质在初生 α-Cu 相固液界面前沿富集，降低其在局部的长大速度，初生 α-Cu 相的局部生长迟缓促使其根部（与冷却通道内壁连接处）发育，使初生 α-Cu 相在合金熔体的流动作用下脱离冷却通道内壁进入合金熔体内部[27-28]。Ohno 和 Motegi 等人[29]将等轴晶晶粒在铸件中形成时的这种机制称为分离理论。初生 α-Cu 相在熔体约束流动诱导形核通道内壁的缩颈形成示意图如图 2.35(a)所示，合金熔体在通道内剪切应力和流动速度的分布示意图如图 2.35(b)所示。合金熔体在冷却通道内部不同位置的流动速度与剪切力不同，促使从冷却通道内壁游离的初生 α-Cu 相在合金熔体中发生流动和"自旋转"，从而发生重熔和球化[30]。

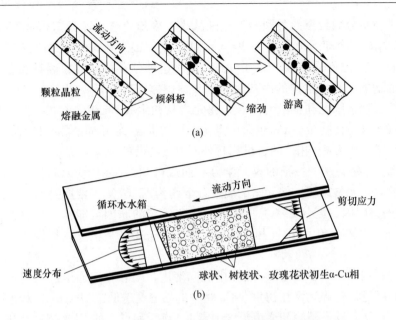

图 2.35　初生 α-Cu 相缩颈形成 (a) 和熔体约束流动诱导
形核通道内组织形成 (b) 示意图

在不施加外场时，过热的合金熔体浇注到模具内，只有浇注的合金熔体与模具内壁接触才形成晶核，即晶核的形成仅在浇注时发生，浇注后铸件内部不再形成新的晶核[31]。熔体约束流动诱导形核通道内显微组织演化示意图如图 2.36 所示。合金熔体浇注到冷却通道内部受到强烈的激冷作用在冷却通道内壁大量形成初生 α-Cu 相的晶核，形成的晶核随熔体流动而游离进熔体内部（见图 2.36(b)(d)）；合金熔体在流动过程中不断受到激冷作用使熔体温度降低，在相同程度的激冷作用时爆发性形核能力更强，且游离的晶核更容易存活长大成晶粒[31]，促使初生 α-Cu 相不断细化和均匀分布（见图 2.36(f)(h)）。因此，合金熔体在冷却通道内壁爆发性形核是凝固后显微组织由粗大的树枝晶转变成蠕虫状晶、等轴晶或近球状晶的主要原因。

合金熔体在冷却通道内部流动时存在温度场和流场，温度场和流场的分布直接影响初生 α-Cu 相的形貌与分布。冷却通道内壁的速度边界层 δ 和温度边界层 δ_t 的厚度存在以下关系[32]：

$$\delta_t = \frac{\delta}{\sqrt[3]{Pr}} \tag{2.19}$$

式中　Pr——普朗特数，液态金属的普朗特数为 0.004～0.029。

由式（2.19）可知，温度边界层远大于速度边界层，由于在冷却通道内壁只有很薄的一层速度边界层，而温度边界层分布于整个合金熔体中[4]，即冷却通道

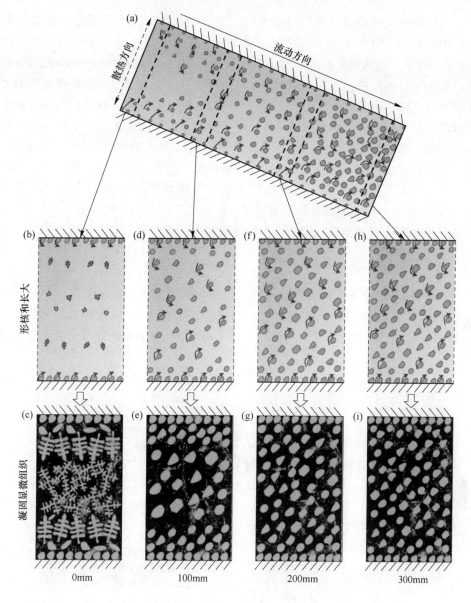

图 2.36 熔体约束流动诱导形核通道内显微组织演化示意图

内部熔体全部处于过冷状态，同时冷却通道提供大的冷却速度（约为 450℃/s），整个熔体将同时进行形核，从而使熔体凝固后的显微组织为等轴晶或近球状晶粒[31]。另外，合金熔体内部温度场的均匀性、溶质的再分配、晶核的游离与增殖、晶核与晶核碰撞及晶核与熔体碰撞等作用也使晶粒向各个方向生长的速率相近并形成规则的等轴晶或者近球状晶粒。

　　熔体在约束流动诱导形核通道内凝固的显微组织受其温度场分布的直接影响，1080℃的过热熔体浇注到约束流动诱导形核通道内的温度场模拟分布如图2.14(c)所示。熔体刚接触冷却通道时，只有接触冷却通道内壁的熔体受到强烈激冷而大量异质形核，通道中间温度高，刚开始游离进入中心的晶核被重熔而无法长大成晶粒，随着凝固的进行，在冷却通道内壁处形成的晶粒直接凝固成细小等轴晶，接着沿散热方向形成柱状晶，中心位置最后凝固，游离存活的晶粒在择优方向上生长成细小的枝晶组织（见图2.36(c)）。随着熔体在冷却通道内流动，熔体的整体温度降低，在冷却通道内壁上形核能力增强，游离进入熔体内部的晶核长大成晶粒的概率增加，枝晶组织消失，显微组织以等轴晶或近球状晶为主[31]。随着流动距离增加晶核数量增加，在熔体流动作用下晶核分布更加均匀，晶核长大过程中互相竞争与抑制，晶粒逐渐细小（见图2.36(e)(g)(i)）。

2.4.2.2　锡元素迁移机理

　　CuSn10P1合金非平衡凝固过程中冷却结晶反应及相应锡元素浓度分布如图2.37所示。非平衡凝固时相图向左发生偏析，包晶反应的锡元素质量分数由平衡凝固时的13.5%偏移成7%左右[33]，即CuSn10P1合金凝固过程中会发生包晶

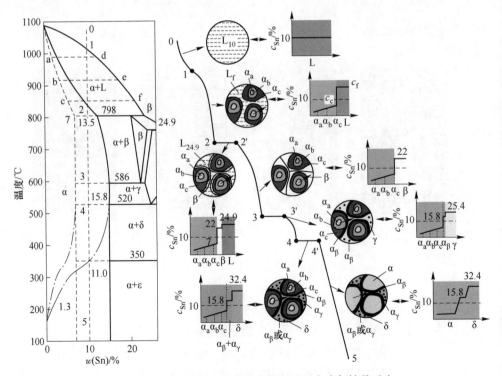

图2.37　CuSn10P1合金非平衡凝固过程中冷却结晶反应
及相应锡元素浓度分布示意图

反应。当合金熔点在图 2.37 中 0-1 段以上时,熔体全部熔化,此时熔体内部锡元素质量分数为原材料质量分数(10%)。

当熔体温度低于液相线时(见图 2.37 中 1-2 段),初生 α-Cu 相在熔体内部开始形核,根据相图中初生 α-Cu 相的固相线可知,非平衡凝固时,随着温度降低,形成的初生 α-Cu 相从心部到边缘锡元素的质量分数逐渐增加[15],在包晶温度时初生 α-Cu 相外圈锡元素的质量分数达到最高值(7%左右),而液相中锡元素质量分数为 24.9%。可以看出,初生 α-Cu 相的锡元素含量低于液相内锡元素的平均含量,在形成初生 α-Cu 相时向液相内排出锡元素,锡元素在固液界面富集,阻碍初生 α-Cu 相的择优生长,以球状方式长大。

当熔体达到包晶反应温度时(见图 2.37 中 2-2′段),剩余液相中的锡元素向初生 α-Cu 相内扩散发生包晶反应,生成围绕初生 α-Cu 相的 β 相,直至液相消耗,最终只有初生 α-Cu 相和围绕初生 α-Cu 相的高锡元素(22%)β 相(2′-3 段)。

当温度降低到 586℃时发生式(1.3)的共析反应(见图 2.37 中 3-4 段),生成的 $α_β$ 相一部分以初生 α-Cu 相为基底直接形核长大,在初生 α-Cu 相外圈形成锡元素质量较高的富锡层,另一部分直接分散在生成物 γ 相内。当温度降到 520℃时发生式(1.4)的共析反应(见图 2.37 中 4-4′段),γ 相分解成 $α_γ$ 相和 δ 相,生成的 $α_γ$ 相同样一部分以初生 α-Cu 相为基底直接形核长大,另一部分直接分散在生成物 δ 相内。

随着温度再降低(见图 2.37 中 4′-5 段),锡元素在 α-Cu 相内的固溶度快速下降,锡元素从初生 α-Cu 相心部通过富锡元素的共析产物 $α_β$ 相和 $α_γ$ 相向 δ 相扩散,而 δ 相中锡元素浓度远高于 α-Cu 相中的浓度,在浓度差的驱动下,锡元素从 δ 相向 α-Cu 相内扩散,两者共同的扩散作用使共析产物 $α_β$ 相和 $α_γ$ 相两侧形成了锡元素的浓度梯度,即初生 α-Cu 相外圈存在富锡元素的梯度层。

当液态合金在熔体约束流动诱导形核通道内处理时,流动距离短(100mm)时形成的有效晶核少且熔体温度高,晶核可以快速长大,晶粒粗大使初生 α-Cu 相外圈锡元素达到包晶反应的面积增加,生成围绕初生 α-Cu 相的包晶相 β 厚度增大,在后续的凝固分解过程中,生成的 $α_β$ 相和 $α_γ$ 相厚度有所增加,使锡元素通过 $α_β$ 相和 $α_γ$ 相进行扩散的难度增加。另外,在固溶度的驱动力下,锡元素从心部通过晶界向 δ 相扩散,而晶粒粗大增加锡元素的扩散距离,从而增加了其扩散难度;同时,在浓度差的驱动下,锡元素从 δ 相向 α-Cu 相内扩散。在以上因素的综合作用下,使初生 α-Cu 相过渡层厚度较大和心部及过渡层的锡元素含量较高。

当流动距离较长(300mm)时,在熔体内部形成大量晶核,晶核之间的生长竞争使晶粒相对比较细小。细小的晶粒降低了包晶反应层厚度使锡元素更加容易从初生 α-Cu 相心部向外扩散,最终凝固组织中初生 α-Cu 相过渡层厚度变薄、心部的锡元素含量降低。

2.5　工艺参数对 CuSn10P1 合金半固态浆料显微组织的影响

熔体处理起始温度、冷却通道长度及角度等工艺参数直接影响熔体在冷却通道内的流动时间、激冷程度和温度分布等，进而影响 CuSn10P1 合金半固态浆料显微组织。本节就熔体处理起始温度、冷却通道长度及角度对 CuSn10P1 合金半固态浆料显微组织和组织特征的影响分别进行讨论和分析，提出熔体约束流动诱导形核通道制备 CuSn10P1 合金半固态浆料的最优工艺参数。本节中的金相组织为熔体约束诱导形核通道处理 6.5kg 合金后，浆料随收集坩埚一起水淬组织。

2.5.1　熔体处理起始温度对半固态浆料显微组织的影响

熔体处理起始温度是影响 CuSn10P1 合金半固态浆料显微组织的重要因素之一。当熔体约束流动诱导形核通道长度为 300mm、倾斜角度为 45°时，不同熔体处理起始温度下 CuSn10P1 合金半固态浆料水淬显微组织如图 2.38 所示。

当熔体处理起始温度为 1060℃时，熔体处理起始温度低，合金熔体在熔体约束流动诱导形核通道内受到内壁强激冷导致熔体温度快速下降，固相率随之急剧增加，在冷却通道内壁容易形成薄的凝固壳影响合金熔体的激冷效果，使合金熔体的形核能力下降，降低对合金熔体的细化效果。另外，浆料的温度低，初生 α-Cu 相内锡元素固溶度低，在固液界面前沿出现锡元素的富集，抑制初生 α-Cu 相的择优生长。综合作用下显微组织以蠕虫状晶和等轴晶为主（见图 2.38(a)）。

当熔体处理起始温度提高到 1080℃时，合金熔体浇注温度高使流动性得到提高，不会在冷却通道内壁形成凝固壳，在连续的制浆过程中一直受到强烈的激冷效果和保持高爆发性形核的能力，初生 α-Cu 相在冷却通道内壁连续大量形核并游离，晶核数量的增加使显微组织得到显著的细化，且固液界面前沿的锡元素抑制初生 α-Cu 相择优生长，使其向各个方向的生长速率基本相同，最终获得晶粒细小、分布均匀的等轴晶或近球状晶（见图 2.38(b)）。

当熔体处理起始温度进一步提高到 1100℃时，熔体处理起始温度过高，合金熔体在冷却通道出口处的温度相应提高，合金熔体在冷却通道内流动过程中处于半固态区间的距离短（如图 2.13、图 2.14(d)所示），形核数量少。当半固态浆料的整体温度高，形成的晶核游离到浆料内部过程中半径小的晶核被重熔，只有半径大的晶核才能继续长大。另外，温度高使锡元素在初生 α-Cu 相内的固溶度有所增加，固液界面前沿的锡元素富集程度降低，晶核容易沿择优方向生长，最终凝固的半固态浆料显微组织粗大，且具备明显的枝晶特性，如图 2.38(c)所示。

图 2.38　不同熔体处理起始温度下半固态 CuSn10P1 合金显微组织
(a) 1060℃；(b) 1080℃；(c) 1100℃

　　熔体处理起始温度对 CuSn10P1 合金显微组织特征的影响如图 2.39 所示。可以看出，初生 α-Cu 相的等效直径呈先减小后增大的趋势，形状因子和单位面积内的数量呈先增加后降低的趋势。

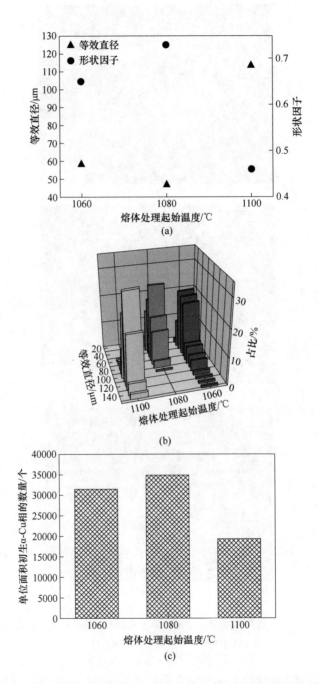

图 2. 39　熔体处理起始温度对 CuSn10P1 合金显微组织特征的影响

（a）初生 α-Cu 相等效直径和形状因子与浇注温度的关系；（b）初生 α-Cu 相等效直径分布；

（c）单位面积内初生 α-Cu 相的数量

当熔体处理起始温度为1060℃时，初生 α-Cu 相的平均等效直径为(58.3±5)μm、形状因子约为0.66、等效直径主要分布在 40～60μm 范围内，但等效直径大于100μm 的数量较多，占总数的7.69%，单位面积内初生 α-Cu 固溶体的数量约为31500 个。

当熔体处理起始温度为1080℃时，初生 α-Cu 相的平均等效直径为(46.6±5)μm、形状因子约为0.73，等效直径分布在20～60μm 的晶粒数占晶粒总数的83%，此时，单位面积内初生 α-Cu 相的数量最多，约为34900 个。

当熔体处理起始温度为1100℃时，初生 α-Cu 相的平均等效直径增加到(113.4±5)μm、形状因子减小到0.46，初生 α-Cu 相的等效直径主要分布在90～120μm，占总晶粒数的86.9%，单位面积内初生 α-Cu 相的数量最低，约为19300 个。

综上所述，当熔体过热度低于40～50℃时，经冷却通道处理过的显微组织以等轴晶或近球状晶为主，高于此过热度范围，显微组织枝晶化严重[31]。熔体处理起始温度（1060℃）越接近液相线，合金熔体受到的过冷度越高，形核能力越强。但熔体处理起始温度较低时，合金熔体受到的激冷能力强冷却速度相对较快，容易在冷却通道内壁上结壳，从而降低后续合金熔体的激冷效果和形核能力。当熔体处理起始温度过高（1100℃）时，合金熔体与冷却通道内壁接触瞬间虽能形成大量的晶核，但较高的合金熔体温度使直径细小的晶核重熔，最终形成树枝晶状组织，且固液界面前沿锡元素富集程度低，抑制初生 α-Cu 相择优生长能力下降。合适的熔体处理起始温度（1080℃）可确保合金熔体具有较强的形核能力且不会在冷却通道内壁结壳，经过熔体约束流动诱导形核通道制备的半固态浆料显微组织细小且分布均匀。因此，熔体处理起始温度为1080℃时，可以连续制备优异的 CuSn10P1 合金半固态浆料。

2.5.2 冷却通道长度对半固态浆料显微组织的影响

熔体处理起始温度为 1080℃、倾斜角度为 45° 时不同冷却通道长度下CuSn10P1 合金半固态浆料的显微组织如图 2.40 所示。

当冷却通道长度为 200mm 时，冷却通道长度短，合金熔体迅速流过冷却通道使冷却时间较短，熔体内部热量散失少导致温降低，半固态浆料的温度相对较高。冷却通道距离短，受到冷却通道内壁激冷作用形核数量少，且部分细小晶核被重熔，锡元素在固液界面前沿富集程度低，部分晶核沿择优方向生长，最终的显微组织主要由等轴晶和蠕虫状晶组成，蠕虫状晶如图 2.40(a)中虚线标记所示。

当冷却通道长度增加到 300mm 时，合金熔体在冷却通道内受到的激冷距离

图 2.40　不同冷却通道长度下 CuSn10P1 合金的显微组织

（a）200mm；（b）300mm；（c）400mm

和流动时间增加，冷却通道内壁的激冷作用时间随之增加，合金熔体散失的热量增多。在冷却通道出口处的最高温度液相线附近，锡元素在固液界面前沿富集程度高；合金熔体在冷却通道内流动过程中的温度场和成分场相对更加均匀，在冷却通道内壁爆发形成的晶核游离到金属熔体内部时可以存活长大成晶粒。晶核数量的增加、固液前沿质的富集和均匀的成分场有效抑制晶粒的择优生长，使晶粒向熔体中各个方向的生长速率基本一致，凝固后的显微组织主要由等轴晶和近球状晶组成，如图 2.40(b) 所示。

当冷却通道进一步增加到 400mm 时，合金熔体在冷却通道中受到的激冷距离和流动时间进一步增加，虽然有利于爆发性形核数量的增加和获得更加均匀的温度场，但合金熔体在冷却通道出口处的温度较低和固相率高，形成的晶核容易发生粘连（见图 2.40(c) 中虚线标记），且容易在冷却通道内部结壳，不利于半固态浆料的连续制备。半固态浆料凝固后的显微组织由蠕虫状晶、等轴晶和近球状晶组成，如图 2.40(c) 所示。

冷却通道长度对 CuSn10P1 合金半固态显微组织特征的影响如图 2.41 所示。可以看出，初生 α-Cu 相的等效直径呈先减小后增大趋势，形状因子和单位面积内初生 α-Cu 的数量呈先增加后降低趋势。

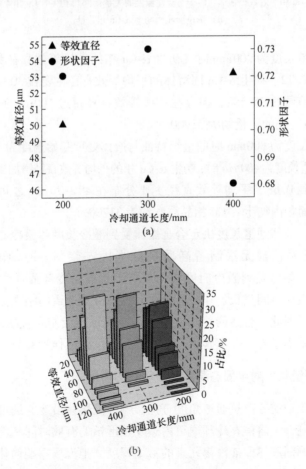

(a)

(b)

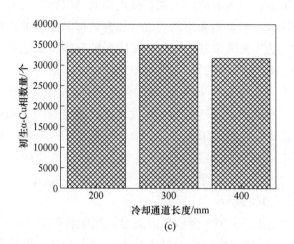

图 2.41　冷却通道长度对 CuSn10P1 合金显微组织特征的影响

（a）初生 α-Cu 相等效直径和形状因子与浇注温度的关系；（b）初生 α-Cu 相等效直径分布；
（c）单位面积内初生 α-Cu 相数量

当冷却通道长度为200mm 时，初生 α-Cu 相的平均等效直径为（50±5）μm、形状因子约为 0.72、初生 α-Cu 固溶体的平均等效直径主要在 30～60μm 范围内，晶粒数占总晶粒数的 75.5%，但存在一些等效直径超过 100μm 的大晶粒，单位面积内初生 α-Cu 相的数量约为 33900 个。

冷却通道长度为300mm 时的组织特征与熔体处理起始温度为 1080℃ 时一致。

当冷却通道长度为400mm 时，初生 α-Cu 相的平均等效直径增加到（53.2±5）μm、形状因子减小到 0.68、平均等效直径主要分布在 40～70μm 之间，占总晶粒的 78.8%，单位面积内初生 α-Cu 相晶粒数约为 31700 个。

综上所述，冷却通道长度决定合金熔体受到激冷长度和激冷时间的长短，冷却通道太短或太长都无法制备高质量的半固态浆料。冷却通道长度太短（200mm），合金熔体受到激冷时间短，形核数量少；冷却通道太长（400mm），合金熔体受到激冷时间过长，在最后阶段容易在冷却通道内结壳而影响半固态浆料的连续制备。因此，合适的冷却通道长度是保证连续制备优质 CuSn10P1 合金半固态浆料的基本条件，在实验中，冷却通道长度的最佳参数为 300mm。

2.5.3　冷却通道角度对半固态浆料显微组织的影响

熔体约束流动诱导形核通道角度直接影响合金熔体沿冷却通道平行方向的加速度分量，影响合金熔体在冷却通道内爆发性形核的有效时间和冷却通道出口处的温度，即影响固液界面前沿锡元素的富集程度。把流场模型简化：假设合金熔体为牛顿流体，在封闭的冷却通道内以层流形式流动，并假设合金熔体以平稳的方式浇注到熔体约束流动诱导形核通道中，即不存在冲击力，熔体约束流动诱导形核通道内熔体的受力如图 2.42 所示。假设冷却通道厚度为 $2h$，则合金熔体在 h 处有最大的流动速度，当冷却通道倾斜角度为 α 时，在距离合金熔体流动起始点 x 处的最大流动速度为：

$$v_x = \sqrt{2g(\sin\alpha - \mu\cos\alpha)x} \tag{2.20}$$

式中 μ——合金熔体与冷却通道内壁的摩擦系数；

       g——重力加速度。

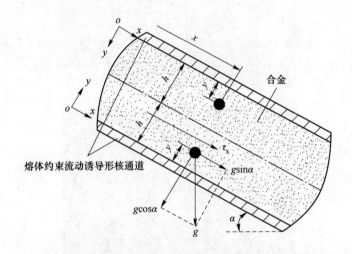

图 2.42 熔体约束流动诱导形核通道内熔体受力分析图

合金熔体在冷却通道内壁处的速度为零，随着合金熔体向内部推移，流动速度逐渐增加，距离冷却通道内壁 y 处合金熔体内部的速度为：

$$v_{yx} = \sqrt{2g(\sin\alpha - \mu\cos\alpha)x}\left[\frac{3}{2} \cdot \frac{y}{h} - \frac{1}{2} \cdot \left(\frac{y}{h}\right)^3\right] \tag{2.21}$$

由式（2.21）可知，合金熔体在熔体约束流动诱导形核通道内的流动速度 v_{yx} 随倾斜角 α 的增大而增大，适当增大倾斜角可以增加合金熔体的流动速度，降低熔体在冷却通道内壁结壳的可能性，进而起到细化晶粒的作用，制备具有等轴状晶或近球状晶的半固态浆料。但 α 太大时，合金熔体在冷却通道内的流动速度增加，使合金熔体快速流过冷却通道，冷却通道内壁对合金熔体的激冷作用减弱，半固态浆料显微组织变差；但 α 太小时，合金熔体流动速度降低，当摩擦力大于流动主力时，合金熔体将不能在冷却通道内流动，无法连续制备半固态浆料。

　　熔体处理起始温度为 1080℃、冷却通道长度为 300mm 时不同倾斜角度下半固态浆料的显微组织如图 2.43 所示。可以看出，随着冷却通道倾斜角度的增加，半固态浆料的显微组织先细化后粗化。

图 2.43　不同冷却通道角度下 CuSn10P1 合金的显微组织

(a) 30°；(b) 45°；(c) 60°

当冷却通道倾斜角为 30°时，倾斜角度小，合金熔体在冷却通道内流动速度慢，虽然合金熔体受到激冷时间长，容易大量形核，但晶核容易沿垂直于冷却通道的散热方向快速生长，长成柱状晶，然后在流动过程中游离进熔体内部。倾斜角小使熔体在出口处的温度低，锡在固液界面前沿富集，抑制生成的柱状晶生长，使传统铸造的粗大网状树枝晶组织消失，以类枝晶、粗大蠕虫状晶和少量等轴状晶为主，如图 2.43(a)所示。

当冷却通道倾斜角为 45°时，合金熔体在冷却通道内流动，受到冷却通道内壁的激冷作用快速大量形核。冷却通道角度增加，合金熔体在冷却通道内流动速度增加，抑制晶核沿散热方向长成柱状晶，使内壁上形成的晶核在熔体流动作用下游离进入熔体内部，固液界面富集的溶质与相对均匀的温度场抑制晶粒在择优方向上生长，树枝晶和蠕虫状晶全部消失，半固态浆料显微组织全部为等轴状晶或近球状晶，如图 2.43(b)所示。

当冷却通道倾斜角度增加到 60°时，合金熔体在冷却通道内流动速度增加和停留的时间变短，合金熔体受到冷却通道内壁的激冷作用变弱和出口处温度相对较高，形核数量减少和固液界面前沿富集的锡元素程度低，抑制晶粒择优方向生长能力变弱，显微组织中树枝晶完全消失，全部为蠕虫状晶，如图 2.43(c)所示。

冷却通道角度对 CuSn10P1 合金显微组织特征的影响如图 2.44 所示。可以看出，初生 α-Cu 相的等效直径先减小后增大，形状因子和单位面积内的数量呈先增加后降低趋势。

当冷却通道角度为 30°时，初生 α-Cu 固溶体的平均等效直径为 $(78.3 \pm 5)\mu m$、形状因子约为 0.42、平均等效直径主要为 $60 \sim 90\mu m$、晶粒数占总晶粒数的 83.2%，但存在少量等效直径超过 $120\mu m$ 的大晶粒，单位面积内初生 α-Cu 固溶体的数量约为 27500 个。

当冷却通道角度为 45°时，初生 α-Cu 相的平均等效直径为 $(46.6 \pm 5)\mu m$、形状因子约为 0.73、平均等效直径主要为 $20 \sim 60\mu m$、晶粒数占总晶粒数的 83%，单位面积内初生 α-Cu 固溶体的数量最多，约为 34900 个。

当冷却通道角度为 60°时，初生 α-Cu 相的平均等效直径增加到 $(63.7 \pm 5)\mu m$、形状因子减小到 0.58、平均等效直径主要分布在 $40 \sim 80\mu m$、晶粒数占总晶粒数的 93.7%，单位面积内初生 α-Cu 相晶粒数约为 31900 个。

综上所述，冷却通道倾斜角度对晶粒的细化起着至关重要的作用，过高或过低的冷却通道倾斜角度都不能制备出优质的半固态浆料，只有当冷却通道角度约为 45°时，金属熔体才能获得最合理的激冷效果，金属熔体获得最大的过冷而爆发形核并在熔体流动作用下进入熔体内部，获得等轴晶或近球状晶的半固态浆料。

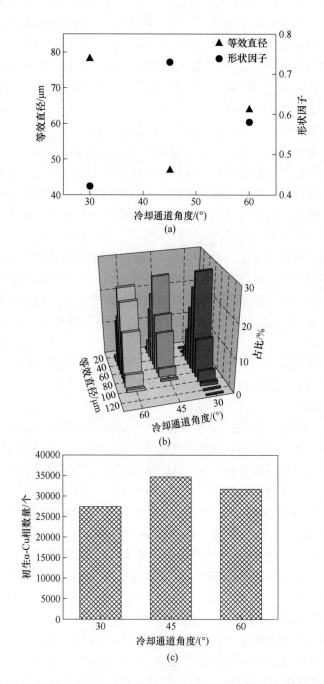

图 2.44　冷却通道角度对 CuSn10P1 合金显微组织特征的影响

（a）初生 α-Cu 相等效直径和形状因子与浇注温度的关系；（b）初生 α-Cu 相等效直径分布；

（c）单位面积内初生 α-Cu 相数量

参 考 文 献

[1] CHALMERS B. The structure of ingots [J]. Journal of the Australian Institute of Metals, 1963, 8(6): 255-263.

[2] STEFANESCU D M, KANETKAR C S. State of the Art of Counter Simulation of Casting and Solidification Processes [M]. Paris, Les Edition de Physique, 1986.

[3] 华建社, 朱军, 李小明, 等. 冶金传输原理 [M]. 西安: 西北工业大学出版社, 2005: 21.

[4] ZHAO Z Y, GUAN R G, WANG X, et al. Boundary layer distributions and cooling rate of cooling sloping plate process [J]. Journal of Wuhan University of Technology (Materials Science Edition), 2013, 28(4): 701-705.

[5] 李玉柱, 苑明顺. 流体力学 [M]. 北京: 高等教育出版社, 2008.

[6] 吴树森. 材料加工冶金传输原理 [M]. 北京: 机械工业出版社, 2015.

[7] 钞润泽. 倾斜板熔体处理过程剪切与传热的研究 [D]. 沈阳: 东北大学, 2014.

[8] 谢丰广. 半固态合金的 VWSP 制备方法及其触变成形 [D]. 沈阳: 东北大学, 2017.

[9] MOTEGI T. Semi-solid casting using inclined cooling plate [J]. Journal of the Japan Foundrymens Society, 2005, 77(8): 526-530.

[10] ATKINSON H V, LIU D. Microstructural coarsening of semi-solid aluminium alloys [J]. Materials Science and Engineering A, 2008, 496(1/2): 439-446.

[11] 林国标, 王自东, 张伟, 等. 热处理对锡青铜合金组织和性能的影响 [J]. 铸造, 2011, 60(3): 287-289.

[12] 管仁国, 赵占勇, 黄红乾, 等. 冷却倾斜板熔体处理过程边界层分布及流动传热的理论研究 [J]. 物理学报, 2012, 61(20): 206602.

[13] 刘培兴, 刘晓瑭, 刘华鼐. 铜与铜合金加工手册 [M]. 北京: 化学工业出版社, 2008.

[14] 路俊攀, 李湘海. 加工铜及铜合金金相图谱 [M]. 湖南: 中南大学出版社, 2010.

[15] 胡庚祥, 蔡珣, 戎咏华. 材料科学基础 [M]. 上海: 上海交通大学出版社, 2010.

[16] SPAEPEN F, MEYER R B. Scr Metall [M]. Academic Press, 1976, 10(1): 37.

[17] HOYT J J, ASTA M, KARMA A. Atomistic and continuum modeling of dendritic solidification [J]. Materials Science and Engineering, 2003, 41(6): 121-163.

[18] SUN D Y, ASTA M, HOYT J J, et al. Crystal-melt interfacial free energies in metals: fcc versus bcc [J]. Physical Review B, 2004, 69(2): 020102.

[19] 杨明超, 黄多辉, 赵景春, 等. 常压下单质的熔化熵 [J]. 宜宾学院学报, 2013, 13(12): 38-41.

[20] 隋育栋. Al-Si-Cu-Ni-Mg 系铸造耐热铝合金组织及其高温性能 [M]. 北京: 冶金工业出版社, 2017.

[21] FARAHANY S, OURDJINI A, IDRSI M H, et al. Evaluation of the effect of Bi, Sb, Sr and cooling condition on eutectic phases in an Al-Si-Cu alloy (ADC12) by in situ thermal analysis [J]. Thermochimica Acta, 2013, 559(3): 59-68.

[22] SHABESTARI S G, Ma elam M. Assessment of the effect of grain refinement on the solidification characteristics of 319 aluminum alloy using thermal analysis [J]. Journal of Alloys

and Compounds, 2010, 492(1/2): 134-142.

[23] YAMAGATA H, KASPRZAK W, ANIOLEK M, et al. The effect of average cooling rates on the microstructure of the Al-20% Si high pressure die casting alloy used for monolithic cylinder blocks [J]. Journal of Materials Processing Technology, 2008, 203(1/2/3): 333-341.

[24] DOBRZANSKI L A, MANIARA R, SOKOLOWSKI J, et al. Effect of cooling rate on the solidification behavior of AC AlSi7Cu2 alloy [J]. Journal of Materials Processing Technology, 2007, 191(1/2/3): 317-320.

[25] SALACZ ILLÉS, WELTSCH ZOLTÁN. Alloying effects on wetting ability of diluted Cu-Sn melts on graphite substrates [J]. Periodica Polytechnica Transportation Engineering, 2013, 41(2): 123-126.

[26] DAVIS J R. ASM Specialty Handbook: Copper and Copper Alloys [M]. ASM International, Metals Park, Ohio, USA, 2008.

[27] ROBERT M H, ZOQUI E J, TANABE F, et al. Producing thixotropic semi-solid A356 alloy: microstructure formation [J]. Journal of Achievements in Materials and Manufacturing Engineering, 2007, 20(1/2): 19-26.

[28] DAS P, SAMANTA S K, BERA S, et al. Microstructure evolution and rheological behavior of cooling slope processed Al-Si-Cu-Fe alloy slurry [J]. Metallurgical and Materials Transactions A, 2016, 47(5): 2243-2256.

[29] OHNO A, MOTEGI T, SODA H. Origin of the equiaxed crystals in castings [J]. Transactions of the Iron and Steel Institute of Japan, 1971, 11(1): 18-23.

[30] 刘志勇. 半固态 A380 铝合金浆料的蛇形通道制备及流变压铸工艺 [D]. 北京: 北京科技大学, 2015.

[31] BILONI H, CHALMERS B. Origin of the equiaxed zone in small ingots [J]. Journal of Materials Science, 1968, 3(2): 139-149.

[32] 杨世明, 陶文铨. 传热学 [M]. 北京: 高等教育出版社, 2006.

[33] 杨秀龙. 几种锡青铜的锻造工艺探讨 [J]. 航天工艺, 1992(2): 9-11.

3　包晶温度类等温处理中
组织演变及元素分布机理

　　熔体约束流动诱导形核通道制备的半固态浆料中初生 α-Cu 相仍存在晶内偏析和晶间偏析，且浆料在坩埚内的温度场紊乱。利用坩埚预热温度和半固态浆料的结晶潜热对制备的半固态浆料进行短时类等温处理，有望控制半固态浆料的固相率、固液相的分布、初生 α-Cu 相的形貌并改善锡元素的分布。本章利用 CuSn10P1 合金包晶反应的特点，在包晶反应温度附近对半固态浆料进行短时类等温处理，研究短时类等温处理对初生 α-Cu 相形貌、尺寸及锡元素分布的影响，并对初生 α-Cu 相组织演化和锡元素分布机理进行探讨。类等温过程旨在研究半固态浆料制备结束后和挤压铸造前这一阶段内显微组织的演变和元素的分布，为改善挤压铸造产品的晶间偏析和宏观偏析提供一种新思路。

3.1　初生相和包晶相的动态形核

　　合金熔体在发生包晶或共晶等反应时，会有结晶潜热释放，在凝固曲线上呈现平台。CuSn10P1 合金在冷却速度约为 3℃/s 时的凝固曲线如图 3.1 所示。从图 3.1（a）看出两组明显的"再辉"现象，分别为 991℃ 左右时的 L + α → β 包晶反应（见图 3.1（b））和 624℃ 左右的 L + α → β + Cu₃P 包共晶反应（见图 3.1（c））。按照平衡相图 1.1（a）所示，初生 α-Cu 相优先从 CuSn10P1 液相中析出，然后最终物相只有 α-Cu 相，不会发生式（1.1）的包晶反应，而实际凝固时冷却速度快，固相线向左平移，使 CuSn10P1 合金满足发生包晶反应的条件。由于包晶转变是一种非常难以完成的原子扩散控制过程，最终的微结构几乎总是由一些包晶相加上相当大量的残余主相组成[1]。而 CuSn10P1 合金成分距离包晶反应点（22%Sn）较远，包晶反应不能完全进行，即初生 α-Cu 相不能全部转变成 β 相，只有直径较小的晶粒或者初生 α-Cu 相的外围才会发生该包晶反应，然后发生 β → γ + α 和 γ → α + δ 的共析反应，并在元素扩散作用下造成初生 α-Cu 相心部锡元素含量低，而外圈锡元素含量高的现象。

　　为研究 CuSn10P1 合金在凝固过程的包晶反应程度，对其在包晶反应温度为

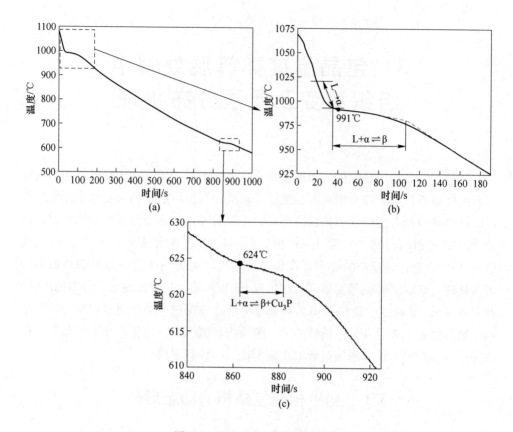

图 3.1　CuSn10P1 合金凝固曲线

990℃下取样快速水淬，获得水淬组织扫描图及其能谱如图 3.2 所示。初生 α-Cu 相显微组织为明显的树枝晶和少量等轴晶，很多二次枝晶臂从一次枝晶臂上脱落成为单独晶粒。由图 3.2(b)线扫描可知，初生 α-Cu 相外圈都存在锡元素的高含量区，其质量分数为 11.87% ~ 15.97%，与包晶反应生成 β 相分解的 α 相质量分数 15.8% 相近，与图 3.1 中 991℃附近出现的平台相符合。包晶反应生成相的含量不一定恒定，也可能在一定范围内浮动[2]。

　　当晶粒直径很小时，晶粒周围被液相包围，增加包晶反应的扩散偶和扩散面积，促使包晶反应进行得更加完全，即整个晶粒都保持高锡元素含量，如图 3.2 (b)中 A 所示。包晶反应进行得越彻底，初生 α-Cu 相外圈锡元素高含量层越厚，平均锡元素含量越高，使晶间锡元素的含量降低，晶间偏析得到改善。因此，在包晶反应温度附近进行类等温，给包晶反应创造足够的反应时间，让反应更加充分，有利于改善晶间偏析现象。

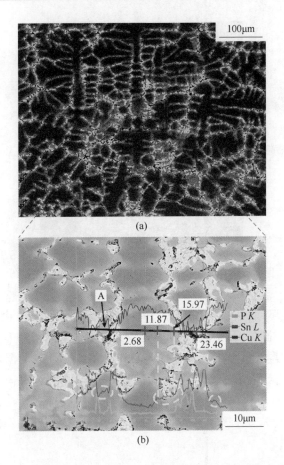

图 3.2　CuSn10P1 合金熔体在 990℃水淬组织扫描图及其能谱

3.2　半固态浆料收集及类等温过程中温度场的模拟

当熔体处理起始温度为 1080℃、约束流动诱导形核通道长度为 300mm、倾斜角为 45°时，半固态浆料在收集坩埚内的流动状态矢量图如图 3.3 所示。合金熔体经过熔体约束流动诱导形核通道获得具有一定固相率的半固态浆料，在重力作用下以一定的速度流入预热的石墨坩埚内，与石墨坩埚壁接触时产生一定的冲击力，冲击力的分量使半固态金属浆料沿坩埚内壁呈螺旋状向下流动，促进晶核的形成和游离，有利于晶粒的细化和组织均匀分布。收集坩埚被预热到 990℃，坩埚的高温一方面使坩埚内部的气体蒸发，防止半固态浆料在坩埚内被氧化；另一方面给半固态浆料进行类等温处理，让浆料内部的显微组织熟化，促进锡元素扩散，缓解晶间偏析。

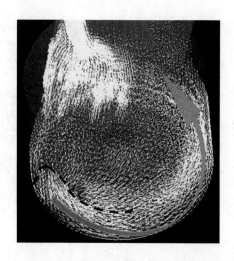

图 3.3 半固态浆料在收集坩埚内的流动状态矢量图

当熔体处理起始温度为 1080℃、约束流动诱导形核通道长度为 300mm、倾斜角为 45°时，制备 CuSn10P1 合金半固态浆料在预热 990℃ 的坩埚内进行类等温，分别选取类等温为 0s、5s、10s、15s、20s、25s 时的温度场分布图如图 3.4 所示。半固态浆料在出口横截面上的温度场呈中间高、向上下冷却板逐渐降低的趋势，被石墨坩埚收集时又与坩埚内壁发生碰撞，使半固态浆料在收集坩埚内的温度场分布无规律（见图 3.4(a)）。分布无规律的温度场容易引起熔

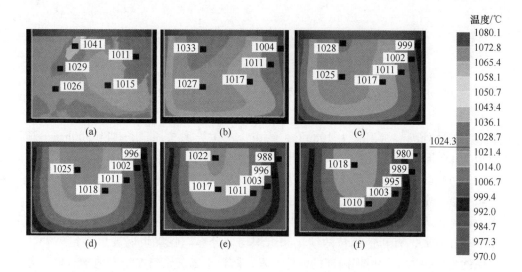

图 3.4 熔体处理起始温度 1080℃ 时，不同类等温时间的温度场分布
(a) 0s；(b) 5s；(c) 10s；(d) 15s；(e) 20s；(f) 25s

体内部晶粒的团聚，不利于半固态浆料成形时的固液协同流动和显微组织的球化，容易导致成形件内显微组织的团聚和组织不均匀，进而影响成形零件的性能。

收集坩埚外壁与空气接触，垂直于外壁的方向为主要散热方向，随着半固态浆料在预热到990℃的坩埚内进行类等温，热量沿着散热方向进行散热，温度场也开始沿着散热方向呈梯度分布，处于半固态温度区间的熔体比例逐渐增加。当类等温时间达到15s时，熔体最高温度接近合金液相线，继续增加类等温时间半固态浆料的温度则全部在固液区间，类等温时间的延长有利于晶核的游离和熟化[3]。

温度差值反应坩埚内温度梯度的大小，温度差值越小，坩埚内温度相对越均匀，越有利于半固态浆料内显微组织的均匀性和充型时固液的协同性。类等温坩埚内最高温度、最低温度及两者差值与类等温时间的关系如图3.5所示。在类等温初始阶段，温度差值略微降低然后保持恒定，当类等温时间超过15s后，温度差值开始急剧增大。半固态浆料刚收集完成时，温度场分布无规律，类等温处理使温度场重新分布，从收集坩埚中心到坩埚内壁呈梯度状分布。

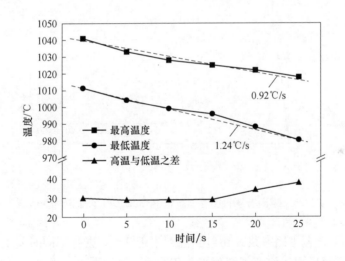

图3.5 最高温、最低温及温度差值随类等温时间的变化

类等温初始时熔体温度较高，温降速度快，但由于金属熔体内部结晶潜热的释放和体积效应的作用，坩埚中心熔体的温降速度与坩埚壁周边的温降速度基本一致。但类等温时间到15s时，整个半固态浆料温度都在液相线以下，结晶潜热的释放和体积效应变弱，半固态金属熔体内部的温度降低速率低于坩埚内壁周围半固态浆料的温度降低速率，内外温度差值急剧变大。当类等温在25s内，坩埚心部和外层熔体温降速率基本维持在0.92℃/s和1.24℃/s不变。

3.3　半固态浆料类等温处理过程中显微组织演变及锡元素分布

3.3.1　半固态浆料类等温处理过程中显微组织演变

　　半固态浆料在类等温处理过程中 CuSn10P1 合金凝固曲线如图 3.6 所示。根据曲线的斜率可估算类等温过程中降温速率约为 0.3℃/s，而半固态浆料在类等温处理过程的前 25s 内，温度从 990.6℃降到 990.4℃，温降仅为 0.2℃，可以认为温度基本稳定。半固态浆料类等温处理 10s 左右时，有一个先略微降低后上升的曲线波动，该现象为初生 α-Cu 相发生包晶反应时释放的结晶潜热在凝固曲线上的数据反馈[4]。

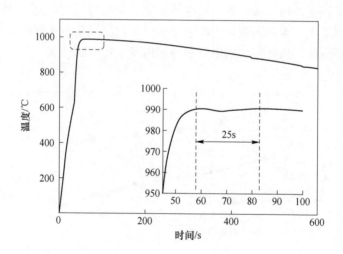

图 3.6　半固态浆料类等温过程中 CuSn10P1 合金凝固曲线

　　CuSn10P1 合金半固态浆料在包晶温度附近 990℃进行不同时间类等温处理，快速水淬获得显微组织演变规律如图 3.7 所示。可以看出，类等温过程中显微组织仍由初生 α-Cu 相和晶间组织 α + δ + Cu_3P 相组成，表明类等温处理只改变显微组织的形貌而不改变其相的组成。

　　当半固态浆料类等温 5s 时，显微组织由等轴晶和细小枝晶组成，但等轴晶和细小枝晶存在明显团聚现象（见图 3.7(a)虚线）。由图 3.4 可知，坩埚内温度场由分布混乱开始向均匀化转变，形成的初生 α-Cu 相晶核开始向熔体内游离和分布均匀化，但游离时间短还存在明显团聚现象，而液相在冷却凝固过程中形成细小树枝晶组织。

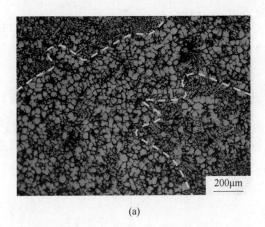

(a)

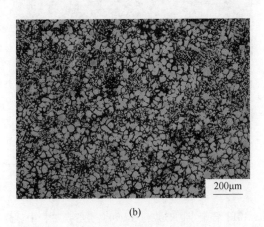

(b)

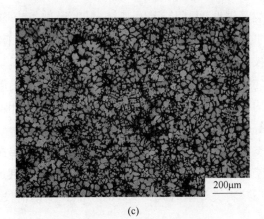

(c)

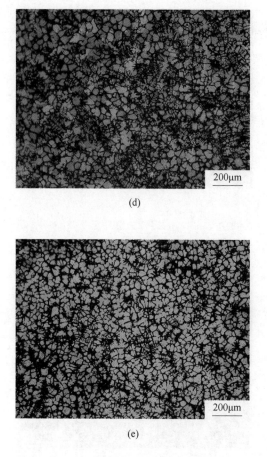

图 3.7　CuSn10P1 合金半固态浆料在 990℃类等温过程中显微组织演变
(a) 5s; (b) 10s; (c) 15s; (d) 20s; (e) 25s

当半固态浆料类等温时间延长至 10s 时，温度场进一步均匀化，初生 α-Cu 相分布较类等温 5s 时更加均匀，在初生 α-Cu 相周围分布着由液相凝固时形成的细小等轴晶或细小枝晶。当半固态浆料类等温时间增加至 15s 时，合金熔体温度场和成分场更加均匀化，初生 α-Cu 相均匀分布于熔体中，温度场和成分场的均匀化也促使熔体内均匀形核，熔体中开始出现晶核并长大成小晶粒，凝固的显微组织由大小不一的等轴晶组成，细小枝晶基本消失。

当半固态浆料类等温时间增加至 20s 以后，初生 α-Cu 相进入长大与合并的熟化阶段。半固态浆料类等温时间为 20s 时细小晶粒开始长大或被吞并，晶粒尺寸差异较大；半固态浆料类等温时间到 25s 时小晶粒基本消失，初生 α-Cu 相形貌与尺寸基本一致。

经典理论认为，合金熔体在低固相率时固相颗粒之间分离且不相互作用，其长大过程遵循 Lifshize-Slorovitze-Wagner（LSW）理论[5-7]。固相颗粒在半固态中粗化的驱动力是界面能的降低，简化的 LSW 方程[6]为：

$$\bar{d}_{t_1}^3 - \bar{d}_{t_0}^3 = K(t_1 - t_0) \tag{3.1}$$

式中 $\bar{d}_{t_1}$——在 t_1 时刻的晶粒等效直径；

$\bar{d}_{t_0}$——在 t_0 时刻的晶粒等效直径；

K——粗化速率常数。

CuSn10P1 合金半固态浆料在 990℃进行不同时间类等温处理时，水淬显微组织中初生 α-Cu 相的等效直径、形状因子与类等温时间的 LSW 方程拟合曲线如图 3.8 所示。随着类等温处理时间的延长，初生 α-Cu 相的等效直径和形状因子呈逐渐增加趋势，表明初生 α-Cu 相逐渐粗化但变得圆整。类等温时间从 5s 增加到 25s，初生 α-Cu 相的等效直径从（49.7±5）μm 增加到（64.4±4）μm、形状因子从 0.70 增加到 0.82。

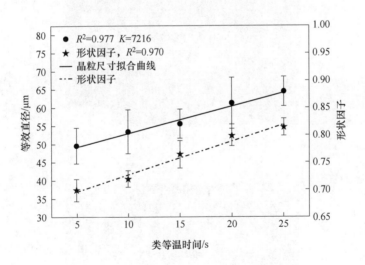

图 3.8 半固态浆料在 990℃进行类等温时，

初生 α-Cu 相等效直径和形状因子的拟合曲线

（实线代表 n = 3 时根据 LSW 关系的拟合）

从计算结果可知，等效直径的回归系数 R^2 = 0.977，形状因子的回归系数 R^2 = 0.970，都非常接近 1，表明采用 LSW 方程拟合的曲线与实验数据相吻合。在包晶温度附近短时间类等温的粗化速率常数 $K = 7216$，表明初生 α-Cu 相形核初期长大速度很快，细小枝晶（见图 3.7(a)(b)）快速转变成非枝晶组织（见图 3.7(c)），然后进入长时间的慢速熟化阶段[3]。

3.3.2 半固态浆料类等温处理过程中锡元素分布

在研究包晶温度附近（990℃）类等温处理对锡元素扩散的影响时，为避免晶粒尺寸对锡元素扩散深度及含量的影响，对 CuSn10P1 合金半固态浆料进行不同类等温时间的工艺处理后，选取等效直径相近的初生 α-Cu 相进行研究，CuSn10P1 合金半固态浆料在 990℃ 类等温过程中 SEM-EDS 分析如图 3.9 所示。对 CuSn10P1 合金半固态浆料进行短时间类等温处理后，初生 α-Cu 相外圈仍然存在过渡层，因此短时间类等温工艺并不能消除过渡层的存在。

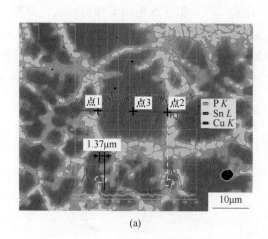

(a)

(b)

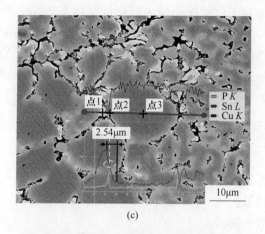

(c)

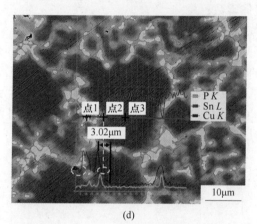

(d)

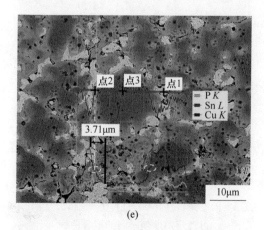

(e)

图 3.9　CuSn10P1 合金半固态浆料在 990℃类等温过程中 SEM-EDS 图

(a) 5s；(b) 10s；(c) 15s；(d) 20s；(e) 25s

过渡层厚度随着短时间类等温时间的增加而逐渐增加。类等温处理 5s 时过渡层厚度为 1.37μm，类等温处理 10s 时过渡层厚度为 1.91μm，类等温处理 15s 时过渡层厚度为 2.54μm，类等温处理 20s 时过渡层厚度为 3.02μm，类等温处理 25s 时过渡层厚度为 3.71μm。

锡元素的扩散主要受扩散系数的影响，扩散系数与温度之间关系遵循 Arrhenius 方程[8]：

$$D = D_0 \exp\left(-\frac{Q}{RT}\right) \tag{3.2}$$

式中　D——扩散系数；

　　　D_0——频率因子；

　　　Q——扩散激活能；

　　　R——理想气体常数；

　　　T——热力学温度。

从式（3.2）可知，原子扩散系数由熔体温度直接决定，类等温时熔体温度基本恒定，锡元素的扩散速度基本不变。半固态浆料在 990℃ 进行类等温时，初生 α-Cu 相过渡层厚度 H 随时间 t 的拟合曲线如图 3.10 所示，两者关系见式（3.3）。可以看出，在短时间类等温过程中，初生 α-Cu 相过渡层厚度与类等温时间呈线性关系。

$$H = 0.116t + 0.773 \tag{3.3}$$

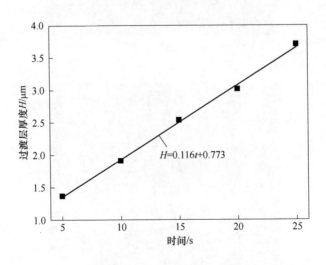

图 3.10　半固态浆料在 990℃ 进行类等温时，初生 α-Cu 相过渡层厚度随时间的拟合曲线

对应类等温过程中图 3.9 中点 1、点 2 和点 3 的成分见表 3.1。点 1 为晶间组

织成分，点 2 为过渡层中包晶反应点即锡元素曲线出现小平台处的成分，点 3 为初生 α-Cu 相内部的成分。类等温处理过程中，锡元素在晶间组织（点 1）中的质量分数逐渐下降，而在初生 α-Cu 相内部（点 3）的质量分数逐渐增加，点 2 锡元素的质量分数在包晶反应成分（15.8%）[9] 附近浮动，与图 2.19(d) 中初生 α-Cu 相边缘存在很薄的黄色过渡层一致。短时间类等温处理后，虽然晶间组织中锡元素的质量分数仍然比初生 α-Cu 相内部高很多，但锡元素从液相向初生 α-Cu 相内部扩散，初生 α-Cu 相心部的锡元素含量从类等温时的 1.87% 增加到 3.12%，质量分数提高了 66.9%，同时增加了过渡层的厚度，在一定程度上改善锡元素晶间偏析的现象。

表 3.1　类等温过程中对应图 3.9 中各点成分表

能谱位置		点 1			点 2			点 3		
元素含量/%		Cu	Sn	P	Cu	Sn	P	Cu	Sn	P
类等温 时间/s	5	77.54	21.86	0.60	83.57	15.09	1.34	97.87	1.72	0.41
	10	78.65	20.63	0.72	83.03	14.38	2.59	97.32	1.90	0.78
	15	78.04	20.55	1.41	81.54	16.28	2.18	97.43	2.17	0.40
	20	78.07	20.22	1.71	81.46	15.10	3.44	97.0	2.57	0.23
	25	77.86	20.01	2.13	83.66	15.46	0.88	96.14	3.12	0.74

类等温处理的前 15s 前，锡元素在晶间组织（点 1）中的质量分数下降比较快，而初生 α-Cu 相（点 3）内部增长缓慢。原因可能是前 15s 内合金熔体内部形成细小新晶粒，消耗大量的锡元素，使液相中锡元素含量快速下降，而向初生 α-Cu 相内扩散较慢。类等温处理 15s 后没有新晶粒形成，初生 α-Cu 相主要以合并长大的熟化为主，液相中的锡元素在浓度梯度作用下向初生 α-Cu 相内部扩散，造成锡元素在晶间组织（点 1）中的质量分数下降缓慢，而初生 α-Cu 相内部（点 3）增长速度增加。锡元素在晶间组织（点 1）和初生 α-Cu 相内部（点 3）的质量分数与类等温时间呈指数关系（见图 3.11），拟合公式见式（3.4）和式（3.5）。

$$Y = 23.64x^{0.92} \tag{3.4}$$
$$Y = 0.002x^{2.1} + 1.68 \tag{3.5}$$

综上所述，类等温过程中初生 α-Cu 相通过游离均匀分布在熔体中，同时经历长大和熟化过程，平均等效直径和形状因子分别逐渐增大至 (64.4 ± 4) μm 和 0.82。初生 α-Cu 相过渡层厚度随类等温时间呈线性增加，25s 时达到 3.71μm，并且初生 α-Cu 相内锡元素含量较熔体约束诱导形核通道处理刚结束时有所提高。

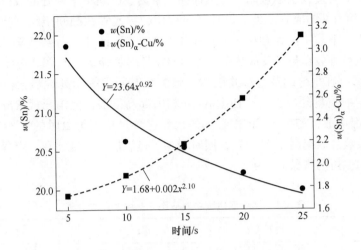

图 3.11　半固态浆料在 990℃ 进行类等温时，晶间组织与
初生 α-Cu 相内部锡元素质量分数随时间的拟合曲线

3.4　半固态浆料类等温处理过程中
组织演变与锡元素迁移机理

3.4.1　半固态浆料类等温处理过程中显微组织演变机理

半固态浆料类等温过程中显微组织演变机理如图 3.12 所示。半固态浆料在熔体约束流动诱导形核通道出口处的温度场呈横截面中心温度高、向上下冷却板方向逐渐降低的趋势，流入收集坩埚时与坩埚内壁发生碰撞，使横截面中心高温熔体分散在坩埚内，刚收集完的熔体温度场分布无规律，导致初生 α-Cu 相在半固态浆料内发生团聚（见图 3.7(a) 和图 3.12(a)）。

半固态浆料内的局部温差在浆料内引起微热对流，为初生 α-Cu 相的旋转和游离提供动力学条件，促使初生 α-Cu 相发生旋转和游离[10]、团聚现象减弱，同时也引起局部高温液相比例减少，温度场和浓度场向均匀化转变（见图 3.12(b)）。

随着类等温工艺时间延长，在界面能最小化原理的推动下，初生 α-Cu 相之间发生吞并长大。而晶粒间合并需要相邻之间的晶粒接触，然后降低两者之间的取向误差度，最后通过晶界迁移完成合并。相邻两个晶粒之间的界面能由式（3.6）确定[11]：

$$\gamma_{gb} = 2\gamma_{SL} \cdot \cos\frac{\theta}{2} \tag{3.6}$$

式中 γ_{gb}——晶粒间界面能；

　　　γ_{SL}——固液界面能；

　　　θ——晶粒之间的二面角。

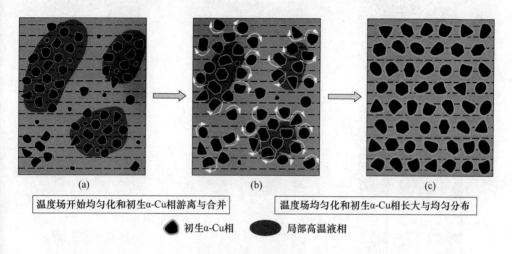

图 3.12 类等温过程中显微组织演变示意图

　　通过晶粒间的旋转减小晶粒间的取向误差或通过晶粒的晶界迁移减小二面角，可降低晶粒界面能[12-13]。CuSn10P1 合金半固态浆料在 990℃进行类等温时，固相率为 20%~30%，初生 α-Cu 相可以通过微热对流引起的旋转和游离降低界面能，也可以通过小晶粒重熔或被吞并，而大晶粒继续长大来降低界面能，从而促进初生 α-Cu 相发生 Ostwald 熟化及合并长大现象。另外，随着类等温工艺时间延长，半固态浆料内部温度场和浓度场逐渐更加均匀化，初生 α-Cu 相均匀地分布在半固态浆料内（见图 3.12(c)），Ostwald 熟化及其合并长大贯穿整个类等温过程，只是类等温前期以合并长大为主，而随着时间的延长，以 Ostwald 熟化为主要现象。通过初生 α-Cu 相的合并长大及 Ostwald 熟化过程，最终形成尺寸相近的等轴状或近球状晶。

3.4.2 半固态浆料类等温处理过程中锡元素迁移机理

　　包晶温度类等温及凝固过程中锡元素迁移示意图如图 3.13 所示。包晶转变受元素扩散过程控制，通常情况下元素扩散速率很慢，包晶转变很难全部完成，最终的显微组织由包晶相和一定数量的初生相组成[14]。

　　包晶温度的类等温处理即在图 2.37 中 2-2′段进行类等温，延长包晶反应时间，让锡元素从液相向初生 α-Cu 相内扩散更加充分。由式（1.1）可知，包晶反应的发生会在初生 α-Cu 相外圈形成 β 相，而液相中锡元素的含量高于 β 相和

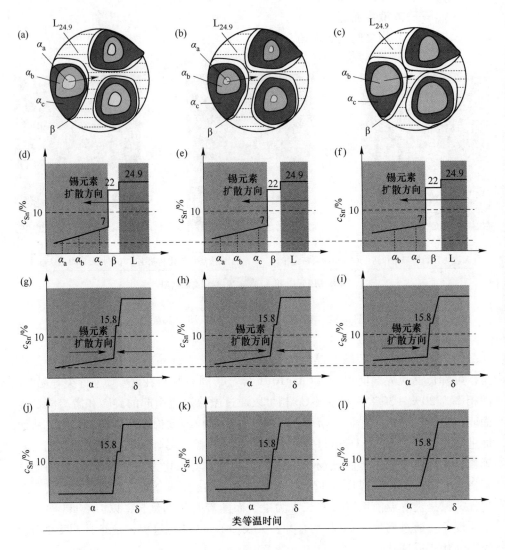

图 3.13   包晶温度类等温及凝固过程中锡元素迁移示意图

(a) ~ (c) 不同类等温时间下包晶温度的结晶反应；(d) ~ (f) 锡元素分布；

(g) ~ (i) 凝固阶段的锡元素迁移；(k) ~ (m) 凝固后锡的分布

初生 α-Cu 相内的含量，因此在液相与 β 相和初生 α-Cu 相之间会形成浓度差（见图 3.13(d) ~ (f)）。浓度梯度促使锡元素从液相中通过 β 相向初生 α-Cu 相内不断扩散，由于类等温时温度基本恒定，其扩散速率基本不变，因此随着类等温工艺时间延长，包晶反应程度增加，形成的 β 相厚度有所增加，初生 α-Cu 相内锡元素含量整体提高（见图 3.13(a) ~ (f)）。但扩散距离越远，锡元素通过 β 相

向初生 α-Cu 相内部扩散驱动力越小，锡元素扩散越困难，导致初生 α-Cu 相中心向边缘的锡元素含量呈逐渐增加的趋势。

由图 1.2（a）可知，当 γ 相通过共析反应生成 δ 相后（图 2.37 中 4-5 阶段），初生 α-Cu 相外圈存在 β 相和 γ 相分解成的高锡元素（15.8%）α-Cu 相。随着温度降低，锡元素在初生 α-Cu 相的固溶度快速下降，锡元素被迫从初生 α-Cu 相内向 δ 相迁移，而 δ 相内的锡元素在浓度梯度的驱使下向初生 α-Cu 相内扩散使其继续长大，在初生 α-Cu 相外圈形成锡元素浓度梯度（见图 3.13（g）~（i））。

类等温时间越长，初生 α-Cu 相内锡元素含量越高其边缘的 β 相越厚，凝固过程中从心部向 δ 相迁移越多，β 相分解最终形成的高锡元素层越厚，从而在边界处形成的梯度越厚。因此，随着类等温时间的延长，初生 α-Cu 相在长大的同时其过渡层厚度逐渐增加且心部锡元素含量得到提高（见图 3.13（k）~（m））。

参 考 文 献

[1] ZHAI W, WANG W L, GENG D L, et al. A DSC analysis of thermodynamic properties and solidification characteristics for binary Cu-Sn alloys [J]. Acta Materialia, 2012, 60(19): 6518-6527.

[2] MATSUURA K, ITOH Y, NARITA T. A solid-liquid diffusion couple study of a peritectic reaction in iron-carbon system [J]. The Iron and Steel Institute of Japan, 1993, 33(5): 583-587.

[3] MARTINEZ R A, FLEMINGS M C. Evolution of particle morphology in semisolid processing [J]. Metallurgical and Materials Transactions A, 2005, 36(8): 2205-2210.

[4] 隋育栋. Al-Si-Cu-Ni-Mg 系铸造耐热铝合金组织及其高温性能 [M]. 北京：冶金工业出版社, 2017.

[5] GREE MATSUURA K, ITOH Y, NARITA T. A solid-liquid diffusion couple study of a peritectic reaction in iron-carbon system [J]. The Iron and Steel Institute of Japan, 1993, 33(5): 583-587.

[6] NWOOD G W. The growth of dispersed precipitates in solutions [J]. Acta Metallurgica, 1956, 4(3): 243-248.

[7] LIFSHITZ I M, SLYOZOV V V. The kinetics of precipitation from supersaturated solid solutions [J]. Journal of Physics and Chemistry of Solids, 1961, 19(1/2): 35-50.

[8] WAGNER C. Theorie der alterung von niederschlägen durch umlösen (Ostwald-reifung) [J]. Berichte der Bunsengesellschaft für Physikalische Chemie, 1961, 65(7/8): 581-591.

[9] 肖恩奎. 铜锡合金铸件的反偏析 [J]. 特种铸造及有色合金, 1987(2): 7-10, 21.

[10] ANDERSEN J M, MACK J. Decoupling the arrhenius equation via mechanochemistry [J]. Chemical Science, 2017, 8(8): 5447-5453.

[11] 张记宅, 马颖, 陈体军, 等. 半固态等温处理对 AM60B 镁合金组织的影响 [J]. 特种铸造及有色合金, 2009, 29(4): 337-340.

[12] TZIMAS E, ZAVALIANGOS A. A comparative characterization of near-equiaxed microstructures

as produced by spray casting, magnetohydrodynamic casting and the stress induced, melt activated process [J]. Materials Science and Engineering A, 2000, 289(1/2): 217-227.

[13] TZIMAS E. Evolution of microstructure and rheological behavior of alloys in the semisolid state [D]. Philadelphia: Drexel University, 1997.

[14] GERMAN R M. Sintering theory and practice [M]. New York: Wiley, 1996.

4 CuSn10P1 合金流变成形组织均匀性控制和性能研究

  本章在熔体约束流动诱导形核通道（ECSC）制备 CuSn10P1 合金半固态浆料的基础上，采用一模十件模具进行半固态流变挤压铸造（见图 4.1 和图 4.2），

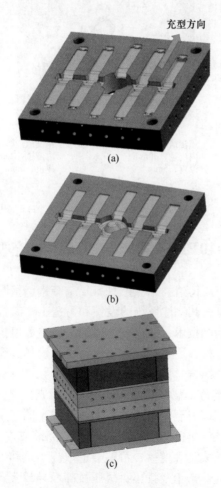

图 4.1 模具结构图
（a）上模；（b）下模；（c）装配图

结合流变挤压铸造充型模拟计算，主要研究铸造工艺（壁厚、横浇道长度、内浇道长度）对 CuSn10P1 合金半固态挤压铸件显微组织均匀性和性能的影响，从而对铸造工艺优化提供理论和技术支持，对铸件结构设计提供一定的指导，以便得到优异性能的铸件。

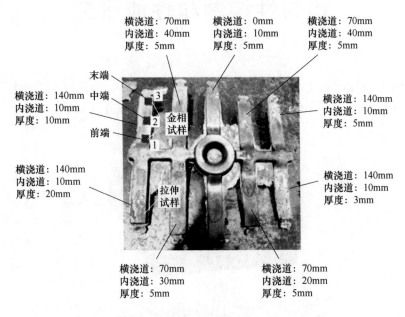

图 4.2   铸件结构图

4.1   CuSn10P1 合金流变挤压铸造充型模拟分析

通过半固态流变挤压铸造技术生产具有复杂结构、壁厚不均匀且质量要求较高的 Cu-Sn 合金铸件时，其浇注系统的设计和铸造工艺参数的确定烦琐复杂，十分依赖工程人员的经验和技术，使得成本增加。铸造数值模拟技术可以对铸件充型凝固过程进行模拟分析，通过观测充型过程中温度场、流动场和凝固状态来判断铸件工艺的合理性，结合具体试验对铸造工艺参数进行优化改进[1]。

铸件充型过程中流场和温度场在不断变化[2]，充型速度作为一个重要因素对铸件是否能够完整充型起着至关重要的作用。金属半固态浆料熔体进入铸型型腔后，充型速度太慢会导致半固态浆料在料筒、横浇道或内浇道内停留时间太长，半固态浆料温度下降而流动性变差，可能会造成浇不足和冷隔缺陷；如果充型速度过快，会由于内部气体来不及排出，气压过高而导致金属液的喷射或者对铸型型壁产生很大的冲刷，导致夹杂、气孔等缺陷的产生。不同充型速度下模拟计算出的铸件充型完整度如图 4.3 所示。当充型速度为 19mm/s 时，无横浇道的零件充满最晚，充型过程中温度过低导致浆料无法流动，成形件充型不完整；当充型速度逐步提高至 25mm/s 时，铸件充型完整，并在实际生产中得到了验证。

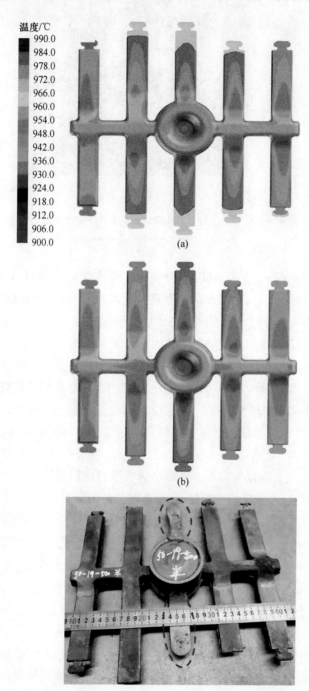

(a)

(b)

(c)

(d)

图 4.3　充型速度对 CuSn10P1 合金成形件完整度的影响
(a)(c) 19mm/s；(b)(d) 25mm/s

挤压力为 100MPa、充型速度为 25mm/s、模具温度为 500℃时的半固态浆料充型过程如图 4.4 所示。半固态浆料浇筑温度大约为 990℃，此时理论固相率 fs 为 24.7%（见图 4.4(a)），符合半固态流变成形要求。充型开始时，半固态浆料优先充型无横浇道零件和沿横浇道流动的部分（见图 4.4(b)），当半固态浆料充型至横浇道 70mm 处时，无横浇道零件已完成 30% 的充型，此时中心位置温度下降至 973.5℃，固相率约为 29.6%（见图 4.4(c)）。随着半固态浆料继续充型，无横浇道半固态浆料固相率变高，充型过程变缓，当半固态浆料开始充型横浇道长度为 140mm 零件时，无横浇道零件和横浇道长度为 70mm 的零件都完成约 50% 的充型（见图 4.4(d)）；进一步充型，无横浇道和横浇道长度为 70mm 的型腔内温度低、固相率高，流动性降低，导致半固态浆料在压力作用下快速充型横浇道为 140mm 的零件，4 个零件由厚壁到薄壁依次先充型完成（见图 4.4(e)(f)），然后是横浇道为 70mm 的 4 个零件完成充型，内浇道短（10mm）的先完成充型，内浇道长（40mm）的最后完成充型（见图 4.4(g)）。无横浇道的零件虽然是最先开始充型，但却是最后完成充型，整个型腔充型完成时温度分布如图 4.4(h)所示；横浇道长度为 140mm、壁厚为 20mm 零件充型完成时温度最高（976℃），而无横浇道的零件温度最低，达到 952℃，此处固相率高达 68%（见图 4.4(h)）。整个型腔各个位置充型时间如图 4.4(i)所示。

无横浇道零件充型一半时固相率达到 50% 左右，此时半固态浆料固液协同流动性差且充型缓慢，在压力作用下液相带动部分固相优先充型，导致零件不同位置显微组织不均匀。在横浇道长度为 70mm，不同内浇道长度充型时，半固态

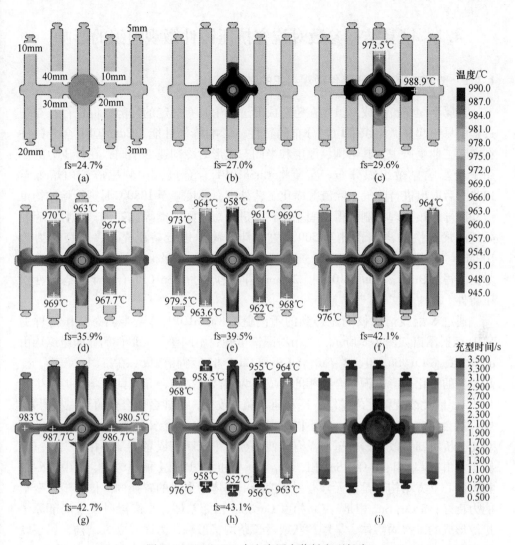

图 4.4　CuSn10P1 合金半固态浆料充型行为

浆料充满型腔的时间基本一致，显微组织的均匀性整体相差不是很大，但内浇道太长（40mm）使半固态浆料的固相率略高，在成形最后部分时液固协同流动困难，容易出现固液分离现象。当横浇道长度为140mm时，20mm 壁厚零件最先充型完成，分型面上温度降低最少。壁厚 10mm 和 20mm 零件在整个充型过程中固相率都低于50%，液固协同流动性好，成形件各部位显微组织均匀性好。壁厚为 3mm 和 5mm 的零件在半固态浆料充型过程中受模具壁激冷而快速降温，半固态浆料黏度变大而充型困难，挤压力迫使半固态浆料继续充型，液相带动部分固相先流动，造成成形件前端和中间固相率低。

4.2 模具结构参数对流变挤压铸件微观组织的影响

4.2.1 壁厚对流变挤压铸件微观组织的影响

金属半固态流变成形虽然在铸造成形过程中具有一定的优势，但也存在充型过程中易引起显微组织不均匀分布的特性，影响铸件性能。CuSn10P1 合金铸件在实际工业生产中，其结构、厚度和半固态成形时冷却速率不同，在挤压力的作用下会影响显微组织分布。实验将 CuSn10P1 合金放入中频感应炉内熔炼至 1200℃后取出进行除气、除渣等净化工艺处理，温度降至 1080℃时进行熔体约束流动诱导形核处理，制备得半固态浆料并进行短时间的类等温处理，然后将等温处理的浆料快速浇入预热至 500℃的模具料筒中进行挤压充型，充型压力为 100MPa、挤压速率为 25mm/s，充型完成后保压 10s，最后开模取出零件空冷至室温，得到 3mm、5mm、10mm、20mm 不同壁厚的 CuSn10P1 合金半固态流变挤压铸件。

通过 X 射线衍射仪测定得到的不同壁厚 CuSn10P1 合金半固态挤压铸件的 XRD 衍射图谱如图 4.5 所示，由衍射图谱可知，不同壁厚成形件的显微组织均由 α-Cu 相、δ-$Cu_{41}Sn_{11}$ 相、β'-$Cu_{13.7}Sn$ 相和 Cu_3P 相 4 种相构成。在凝固过程中，冷却速度的变化会影响铜锡合金相的形成行为和微观结构，导致其力学性能发生变化[3-4]，因此改变铸件的壁厚，冷却速率随之改变，可能会使合金的某些相消失，也可能会生成一些新的相。将不同壁厚的 CuSn10P1 合金铸件的 X 射线衍射结果对比分析可知，改变铸件壁厚没有促使合金中生成新相或者使某些相消失，室温组织均由 α-Cu 相、δ-$Cu_{41}Sn_{11}$ 相、$Cu_{13.7}Sn$ 相和 Cu_3P 相 4 种相构成。其中，α-Cu 相为面心立方结构，是锡元素有限固溶于铜基体中形成的置换固溶体，塑性变形能力良好；δ-$Cu_{41}Sn_{11}$ 相是 α-Cu 相以 $Cu_{31}Sn_8$ 相为基体，在高温时发生局部原子扩散形成的二次固溶体，呈颗粒状或者长条网状形貌，为面心立方结构，属于硬脆相；Cu_3P 相为六方结构，通常为颗粒状和脚趾状并作为组织中的硬脆相；$Cu_{13.7}Sn$ 相为面心立方结构，是包晶相进行切变相变形成的亚稳相。在非平衡凝固过程中，随着熔体温度降低，锡元素在初生 α-Cu 相中的扩散进行得不充分，导致初生 α-Cu 相心部位置溶质浓度较低，外部边缘处溶质浓度高的现象，在合适的条件下形成锡元素固溶度更高的包晶相。在较高的冷却速度下，包晶相来不及分解，发生切变相变形成亚稳相。

不同壁厚的 CuSn10P1 合金半固态挤压铸件的 SEM 图如图 4.6 所示，成形件显微组织不同区域的 EDS 结果见表 4.1。根据表 4.1 中点 1、点 2、点 3、点 4 能谱结果分析可知，深灰色相（点 1）的铜元素含量最高，质量分数高达 95%以上，故为 α-Cu 相；晶间亮白色相（点 2）的锡元素质量分数非常接近 δ 相中的

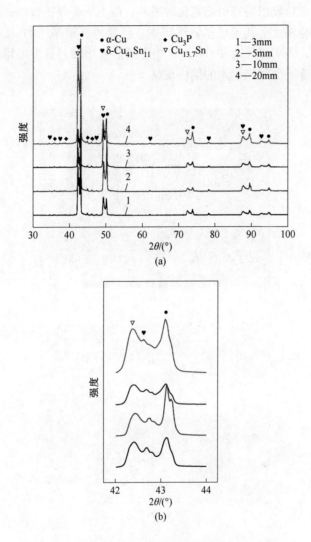

图 4.5　CuSn10P1 合金半固态挤压铸件不同壁厚的
XRD 衍射图谱（a）和局部放大图（b）

锡元素含量（32.4%），因此可以确定晶间亮白色相为晶间 δ-$Cu_{41}Sn_{11}$ 相；晶间黑灰色相（点 3）中铜元素和磷元素的原子百分比接近于 3：1，故可以认为是 Cu_3P 相；$Cu_{13.7}Sn$ 相分布于浅灰色高锡层中，实验 XRD 确定的物相与 Li[5]、Wang 等人[6] 的研究结果一致。当铸件壁厚为 10mm 时，α-Cu 相的峰值强度相对于其他壁厚试样降低，并且有明显的衍射峰宽化。引起峰值半宽高宽化的原因一般是晶粒细化、不均匀应变（微观应变）和堆积层错，由于不同壁厚 CuSn10P1 合金半固态挤压铸件为一腔十模件挤压成形，实验条件没有发生变化，因此可以忽略不均匀应变和堆积层错引起宽化的影响，但 10mm 厚铸件的晶粒尺寸相对细小，导致衍射峰相比于其他壁厚铸件较宽。随着铸件壁厚增加，$Cu_{13.7}Sn$ 相的衍射峰向左偏移，表明锡元素在 $Cu_{13.7}Sn$ 相中固溶度增加，更多的锡元素由晶间向晶内迁移，改善了晶间锡元素的偏析现象。

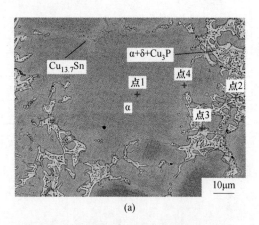

(a)

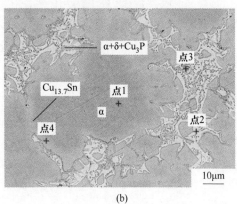

(b)

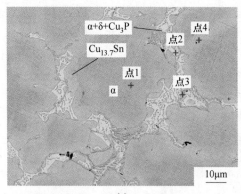

(c)

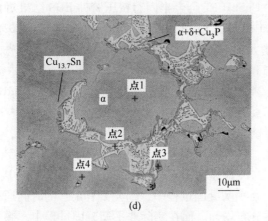

(d)

图 4.6 不同壁厚 CuSn10P1 合金半固态挤压铸件的 SEM 图

(a) 3mm；(b) 5mm；(c) 10mm；(d) 20mm

表 4.1 不同壁厚 CuSn10P1 合金半固态挤压铸件不同位置的 EDS 结果

厚度 /mm	元素	点 1		点 2		点 3		点 4	
		质量分数 /%	摩尔分数 /%	质量分数 /%	摩尔分数 /%	质量分数 /%	摩尔分数 /%	质量分数 /%	摩尔分数 /%
3	Cu	97.85	98.85	68.85	80.25	85.43	77.49	88.96	93.40
	Sn	2.15	1.15	31.00	19.40	3.35	1.63	10.79	6.07
	P	—	—	0.15	0.35	11.22	20.88	0.25	0.53
5	Cu	97.52	98.67	69.72	81.30	86.61	78.63	88.73	92.89
	Sn	2.48	1.33	30.00	18.09	2.60	1.26	10.77	6.04
	P	—	—	0.28	0.61	10.79	20.10	0.50	1.07
10	Cu	96.40	98.00	75.28	84.90	86.80	78.63	87.10	91.94
	Sn	3.60	2.00	24.50	14.57	0.77	0.37	12.42	7.02
	P	—	—	0.22	0.53	12.43	20.10	0.48	1.04
20	Cu	96.78	98.37	71.96	82.34	85.98	76.43	87.95	92.46
	Sn	3.03	1.63	27.98	17.53	1.48	0.70	11.57	6.51
	P	—	—	0.06	0.13	12.54	22.87	0.48	1.03

　　将不同壁厚的 CuSn10P1 合金半固态挤压铸件 EDS 结果对比可知，随着壁厚的增加，初生 α-Cu 相（点 1）的锡元素质量分数先从 2.15% 增加到 3.60% 后降低为 3.03%；高锡元素过渡层（点 4）中锡元素质量分数先从 10.79% 增加到 12.42% 后降低为 11.57%；晶间组织 δ-$Cu_{41}Sn_{11}$ 相（点 2）中锡元素质量分数先从 31.00% 降低到 24.50% 后增加为 27.98%。表明增加 CuSn10P1 合金半固态挤压铸件壁厚，锡元素由晶间组织 δ-$Cu_{41}Sn_{11}$ 相向高锡层和晶内迁移，锡元素晶间偏析得到改善，当壁厚继续增加时，晶间偏析改善效果降低，其中 10mm 壁厚成形件改善效果最佳，这与图 4.5 XRD 衍射图谱得到的结果一致。

　　铸件壁厚不同，冷却速率不同，而冷却速率对凝固过程中溶质的偏析和固溶度有双重影响[7]。在平衡凝固过程中，锡元素有足够的时间通过固液界面向液相区扩散，因此溶质分布均匀。而在实际非平衡凝固过程中，锡元素极易产生晶间偏析，造成力学性能降低。为了进一步明确显微组织中锡元素分布情况，采用 EPMA 技术对不同壁厚 CuSn10P1 合金半固态挤压铸件的微观组织形貌和元素分布进行测定，如图 4.7 所示。随着铸件壁厚减小，冷却速率增加，锡元素从晶间 δ 相逐渐向晶界高锡层处转移，更多的锡元素均匀分布在晶界的高锡层，当铸件壁厚继续减小时，锡元素重新在晶间富集，并且加剧了晶间偏析程度，这是溶质溶解和扩散的结果[8-9]。冷却速率的增加阻碍锡元素通过固液界面向液相扩散，但它足以使溶质反扩散到 α-Cu 基体中，导致晶间高锡含量的 δ 相减少；当壁厚继续减小时，锡元素在晶间的重新富集可能是高冷却速率缩短了溶质溶解的过程[4]，使得锡元素反扩散到初生 α-Cu 相变得困难。

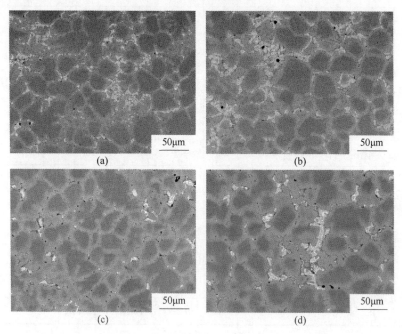

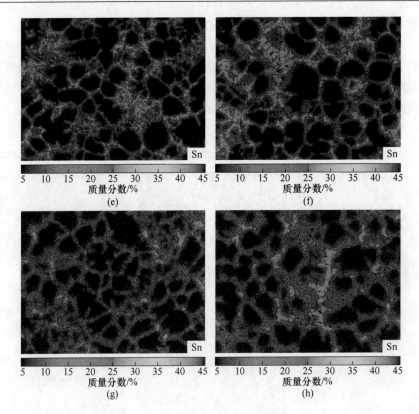

图 4.7　不同壁厚 CuSn10P1 合金半固态挤压铸件的 EPMA 图像

(a)(e) 3mm；(b)(f) 5mm；(c)(g) 10mm；(d)(h) 20mm

　　图 4.8 为不同壁厚 CuSn10P1 半固态挤压铸件充型前端、中端、末端的金相显微组织，铸件组织由花瓣状或者近似球状的初生 α 相和晶间 α + δ + Cu$_3$P 三元相组成。图 4.9 为不同壁厚 CuSn10P1 合金半固态挤压铸件的液相率分布情况，结合图 4.7 和图 4.9 中可以看出，当铸件壁厚为 3mm 时，初生 α-Cu 的相体积分数沿充型方向逐渐降低，出现了明显的固液分离，即沿着充型方向出现了液相优先流动而固相滞后的现象。这是因为铸件壁厚较薄时，半固态浆料受到型腔壁的激冷作用强，近型腔壁的熔体快速凝固，阻碍半固态浆料流动充型。挤压时具有更高流动性的残余液相优先流向充型末端，导致残余液相大面积地聚集在铸件的中末端，靠近浇道口位置的残余液相较少，不足以润滑初生 α-Cu 颗粒进行流动充型，固液两相协同变形能力较差，使得初生 α-Cu 颗粒主要集中在铸件充型的开始端，最终导致在挤压过程中显微组织沿充型方向上的分布不均匀，且液相较多的充型末端和中端凝固后生成了大量细小的枝晶。当铸件壁厚增加至 5mm 时，成形件充型中端初生 α-Cu 相体积分数相对 3mm 壁厚铸件有所提高，但是充型前端的 α-Cu 相体积分数还是明显低于充型中、末端，依然存在固液两相显微组织

沿充型方向上的不均匀分布现象。成形件末端初生 α-Cu 相稍微粗大并出现粘连现象，原因可能是初生 α-Cu 相在型腔入口处塞积并长大所形成。当铸件壁厚进一步增加至 10mm 和 20mm 时，成形件固液两相显微组织均匀分布，固液两相协同流动性增高，液相流动带动部分固相颗粒一起充型，固液两相均匀分布在铸件的不同成形位置，半固态挤压铸件显微组织均匀性得到显著提高。

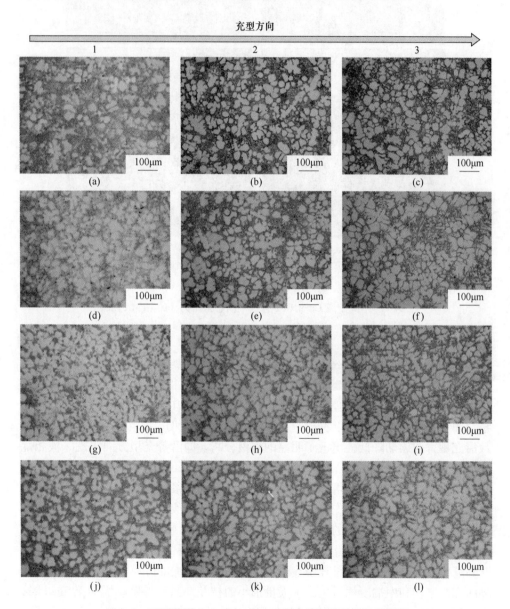

图 4.8　不同壁厚 CuSn10P1 合金半固态挤压铸件的显微组织
（a）~（c）3mm；（d）~（f）5mm；（g）~（i）10mm；（j）~（l）20mm

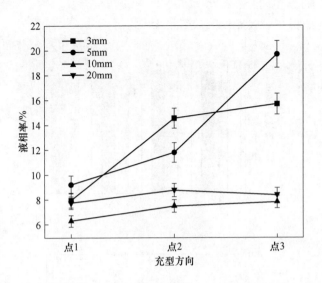

图 4.9　不同壁厚 CuSn10P1 合金半固态挤压铸件沿充型方向的液相率分布

由图 4.9 可知，随着铸件壁厚的减小，液相率沿充型方向开始出现较大波动，充型开始端的液相率远低于中末端，壁厚为 3mm 时，成形件不同位置的液相率最多相差 7.7%；壁厚为 5mm 时，成形件不同位置的液相率最多相差 10.4%；这导致半固态组织固液两相分布不均匀，固液分离现象明显。当壁厚为 10mm 和 20mm 时，液相率分布相对比较均匀，成形件不同部位的液相率相差在 2% 以内，这是因为固液两相协同流动性好，液相流动阻碍作用小，均匀充型到铸件的不同位置。将不同壁厚铸件充型中、末端的液相率对比可知，3mm 和 5mm 厚铸件的液相率要高于 10mm 和 20mm 厚的铸件，可能是半固态浆料进入型腔受模具激冷开始凝固，挤压力迫使浆料沿型腔中心充型，液相优先流动所导致。晶间组织 $\alpha + \delta + Cu_3P$ 三元相是由浆料中残余液相凝固生成，因此液相率的分布规律与晶间组织的体积分数分布一致。铸件壁厚减小，$\alpha + \delta + Cu_3P$ 三元相在晶间区域表现出高度不均匀。在熔体凝固过程中，壁厚为 3mm 和 5mm 时，成形件中、末端晶间组织 $\alpha + \delta + Cu_3P$ 的含量增加，且大面积集中聚集或者呈网状分布（见图 4.8(a)~(f)）。

不同壁厚 CuSn10P1 合金半固态挤压铸件平均粒径统计结果如图 4.10 所示。3mm 厚成形件充型前端、中端、末端的初生 α-Cu 晶粒平均等效直径分别为 36.2μm、30.1μm、33.2μm，形状因子为 0.63、0.68、0.64；5mm 厚成形件充型前端、中端、末端的初生 α-Cu 晶粒平均等效直径分别为 35.2μm、30.6μm、33.8μm，形状因子为 0.66、0.71、0.63；10mm 厚成形件充型前端、中端、末端的初生 α-Cu 晶粒平均等效直径分别为 27.3μm、27.2μm、29.3μm，形状因子为

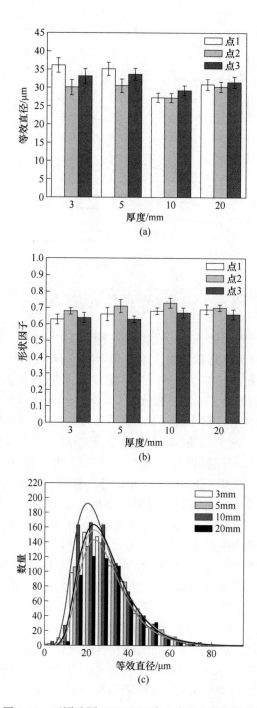

图 4.10   不同壁厚 CuSn10P1 合金半固态挤压铸件

（a）等效直径；（b）形状因子；（c）等效直径正态统计

0.68、0.73、0.67；20mm 厚成形件充型前端、中端、末端的初生 α-Cu 晶粒平均等效直径分别为 30.9μm、30.3μm、31.6μm，形状因子为 0.69、0.70、0.66。3mm 和 5mm 厚成形件的初生 α-Cu 晶粒平均等效直径沿充型方向有明显的波动，成形件充型前端的晶粒平均等效直径与充型中端相差较大，并且都存在充型前端大于充型中端和末端的现象，这可能是因为 3mm 和 5mm 厚成形件固液两相协同流动性差，液相流动性好带动部分固相颗粒优先充型，剩余固相颗粒滞后，在型腔入口处出现塞积，导致初生 α-Cu 晶粒粘连合并长大。当成形件壁厚增加为10mm 和 20mm 时，固液分离现象基本消失，成形件各部位处的初生 α-Cu 晶粒平均等效直径基本一致，晶粒大小比较均匀。从图 4.10(a)(b) 还可以看出，随着铸件壁厚的降低，初生 α-Cu 晶粒尺寸呈先减小后增大的趋势，其中 10mm 壁厚铸件初生 α-Cu 平均粒径最小。形状因子随铸件壁厚降低变化幅度不大，说明成形件初生 α-Cu 晶粒圆整度与壁厚不存在明显的联系。为了更直观地了解晶粒的尺寸分布，对不同壁厚 CuSn10P1 合金半固态挤压铸件初生 α-Cu 晶粒尺寸进行了正态统计分布，如图 4.10(c) 所示。10mm 壁厚铸件初生 α-Cu 晶粒在小尺寸范围（小于 30μm）内数量占比相对较大，且平均粒径最小，故铸件壁厚为 10mm 时初生 α-Cu 晶粒最为细小。

晶粒尺寸 D、冷却速率 V 与形核粒子数密度 ρ 的关系可以描述为[10-11]：

$$D = \frac{a}{\sqrt{\rho}} + \frac{b\Delta T}{Q\sqrt{v}} \tag{4.1}$$

式中　a，b——常数；

　　　Q——生长限制因子；

　　　ΔT——形核过冷度。

由式（4.1）可知，形核粒子数密度 ρ 和冷却速率 v 与晶粒尺寸 D 成反比。通过提高形核粒子的数量密度和冷却速度，可以细化晶粒。冷却速率增加，过冷度增大，晶体长大速度也会增加，但晶体形核速度的增加要快于长大速度，故晶粒变得细小；随着冷却速率进一步增大，晶体的长大速率过大以至于超过了形核粒子的增长速率，导致晶粒在长大过程互相接触从而发生粘连和团聚现象，故晶粒尺寸有所增加。在充型过程中，浆料受模的冷却作用，可能会发生二次形核，二次形核和晶粒长大都会消耗铜元素，两者的竞争会影响到晶粒的尺寸。

壁厚为 20mm 铸件的冷却速率相对较低，过冷度较小，初生 α-Cu 晶粒长大速度比较慢，凝固时间增加，初生 α-Cu 晶粒有足够的时间长大。图 4.8(j)～(l)中长椭圆状的初生 α-Cu 晶粒可能由先析出且具有一定位向的晶粒之间发生碰撞粘连和熔合生成的，导致初生 α-Cu 晶粒较大。10mm 厚铸件初生 α-Cu 组织形状最为规则，晶粒尺寸最细小，冷却速率降低，过冷度增加，初生 α-Cu 晶体的形核率和晶体长大速度都增加，但晶体形核速度的增加要快于长大速度，故初生 α-Cu 晶粒变得细小。壁厚为 3mm 和 5mm 的铸件过冷度增加程度较大，初生 α-Cu 晶粒的长大速度过大以至于超过了其形核率增长速率，晶粒在长大过程互相接触从而发生粘连合并和团聚现象，导致晶粒尺寸增加。而且铸件壁厚较小，固相在充型开始端产生晶粒聚集，会导致初生 α-Cu 晶粒在挤压力的作用下互相挤压变形，使部分晶粒缠结在一起，致使晶粒粗大且形状不规则。

4.2.2　横浇道长度对流变挤压铸件微观组织的影响

铸造工艺的设计是获得高质量铸件的关键[1]，其中浇注系统设计是铸造工艺设计的重要内容，对合金液的充型和凝固有重要影响。浇注系统是引导金属液在铸型中充型系列通道的总称，主要由浇口杯、直浇道、横浇道和内浇道构成。横浇道作为浇注系统的重要组成部分，可以调整金属液体进入型腔的速度、状态，从而影响铸件的充型行为。从本节以 CuSn10P1 合金流变挤压铸造充型模拟为例，半固态浆料从料筒被挤出后首先进入横浇道，横浇道的长短决定了半固态浆料在横浇道内的流动时间，影响半固态浆料的实际温度，进而影响半固态浆料充型零件时的液相率，造成成形件显微组织的差异。

当模具温度为 500℃、成形比压为 100MPa、充型速率为 25mm/s 时，不同横浇道长度下流变挤压铸件的微观组织如图 4.11 所示，铸件组织同样由初生 α-Cu 相和晶间 α + δ + Cu₃P 三元相组成。

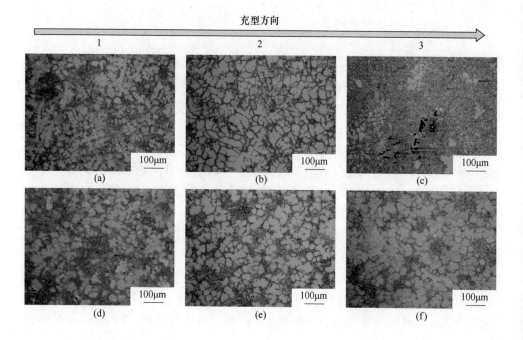

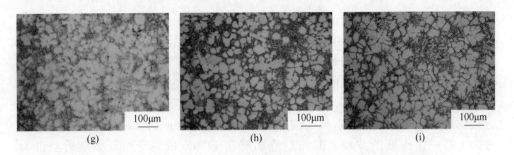

图 4.11　不同横浇道长度下 CuSn10P1 合金半固态挤压铸件的显微组织
（a）~（c）无横浇道；（d）~（f）横浇道长度 70mm；（g）~（i）横浇道长度 140mm

　　无横浇道时，半固态浆料直接从料筒进入内浇道然后在挤压力的作用下充型，固液两相显微组织沿着充型方向均匀性非常差，充型末端液相大面积聚集而固相体积分数较少，且固相颗粒出现了团簇聚集的情况（见图 4.11（c））。由充型模拟结果和实际成形效果来看，浆料在此处最先充型，但是最后完成充型过程，浆料先充型至铸件前半段，型腔壁的冷却作用导致熔体温度下降，固相率增加，后续浆料继续充型时，大量的固相颗粒阻碍浆料的流动，流动能力强的液相会优先穿过固相颗粒流向充型末端，并且之前的熔体黏度增加，整体流动性下降，残余液相同样优先充型，此时，大量液相聚集在充型末端，固相颗粒滞后于充型开始端和中端，产生明显的固液分离现象。液相增加导致最后凝固时难以补缩，凝固完成后组织内部的缩松缩孔等缺陷增加，残余液相在型腔壁激冷作用下使熔体内部产生二次过冷，最终形成细小的 α-Cu 相组织。成形件中端显微组织全部为等轴状晶或类球状晶，保持了半固态浆料的显微组织特征，且初生 α-Cu 相分布比较均匀（见图 4.11（b））。充型前端初生 α-Cu 相颗粒较为粗大，甚至出现了类枝晶组织，这可能是充型前端直接通过内浇道与料筒相连，而料筒内熔体容量大使温度下降慢，这也使充型前端的熔体持续保持高温而缓慢下降，初生 α-Cu 相有合适的温度条件发生粘连熔合或择优长大，最终显微组织出现粘连或者粗大枝晶的形状（见图 4.11（a））。

　　当横浇道长度增加至 70mm 和 140mm 后，初生 α-Cu 相在成形件不同位置的分布均匀性相比于无横浇道得到显著提高，组织特征主要为等轴状或蠕虫状，没有出现粗大枝晶或明显团聚的现象。当横浇道长度 70mm 时，充型中端和末段显微组织中出现了少部分细小枝晶，原因可能是充型过程中更高流动性的残余液相优先流向充型中、末端，模具壁激冷形核或凝固过程中液相二次形核并长大所导致（见图 4.11（e）（f））。充型前端最后凝固，温度下降相对较慢，显微组织出现合并长大和粘连现象（见图 4.11（d））。当横浇道长度增加至 140mm 时，半固态浆料在横浇道流动时间延长，模具壁激冷时间增加，结合充型模拟结果，成形件的凝固时间增加，充型中、末端的细小枝晶消失，长大成为细小的晶粒（见图4.11(h)(i)），充型前端的粘连现象也得到了改善（见图4.11(g)）。

　　不同横浇道长度下 CuSn10P1 合金半固态挤压铸件的液相率分布情况如图4.12所示。无横浇道时，液相率沿充型方向相差较大，成形件充型前、中端液相率远低于充型末端，最大差值高达43.9%，导致固液两相显微组织沿充型方向分布均匀性很差。当横浇道长度增加到70mm和140mm时，液相率虽然沿充型方向上有一定程度的波动，但相差范围都在12.0%以内，而且横浇道长度为70mm的成形件充型中、末端液相率几乎相同，横浇道长度为140mm的成形件充型前、中端液相率相差很小，仅为2.6%。这表明，增加横浇道成形件的显微组织沿充型方向分布比较均匀，固液分离现象得到明显改善。从图4.12还可以看出，横浇道长度为140mm时的成形件液相率比长度为70mm的略低，可能是半固态浆料在横浇道内流动距离增加导致模具壁激冷形核数量增加，同时流动长度增加引起半固态浆料的温度下降，增加晶粒形核的可能和抑制晶粒快速长大，导致横浇道越长液相率略有降低。

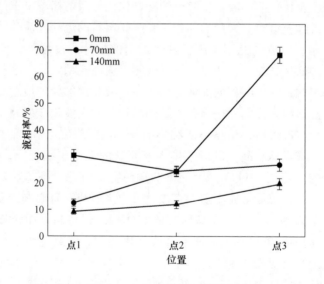

图4.12　不横浇道长度下 CuSn10P1 合金半固态挤压铸件沿充型方向的液相率分布

　　不同横浇道长度下 CuSn10P1 合金半固态挤压铸件的平均等效直径与形状因子的统计结果如图4.13所示。当横浇道长度为0mm时，成形件充型前端、中端、末端的初生 α-Cu 晶粒平均等效直径分别为39.7μm、34.9μm、35.3μm，形状因子分别为0.41、0.63、0.51；当横浇道长度为70mm时，成形件充型前端、中端、末端的初生 α-Cu 晶粒平均等效直径分别为36.9μm、34.9μm、34.8μm，形状因子分别为0.64、0.66、0.64；当横浇道长度为140mm时，成形件充型前端、中端、末端的初生 α-Cu 晶粒平均等效直径分别为 35.2μm、30.6μm、33.8μm，形状因子分别为 0.66、0.71、0.63。横浇道长度为 0mm 时，成形件充型前端初生 α-Cu 晶粒平均等效直径较大，且形状因子很低，这是因为成形件充型前端距离料筒较近，熔体温度相对较高，初生 α-Cu 晶粒有足够的时间长大，具有一定位向的晶粒之间发生碰撞粘连和熔合长大，导致初生 α-Cu 晶粒较大且圆整度低。横浇道长度为 70mm 时，成形件初生 α-Cu 晶粒平均等效直径及形状因子变化不大，半固态浆料充型过程中，固相随着液相一起流动，半固态浆料仍保持较均匀的温度场，抑制了晶粒长大的择优取向，晶粒大小相对均匀。横浇道长度为 140mm 时的成形件晶粒略小于 70mm 长横浇道，这可能是因为半固态浆料在横浇道流动距离增加，导致模具壁激冷形核增加，半固态浆料温度下降，抑制晶粒快速长大。

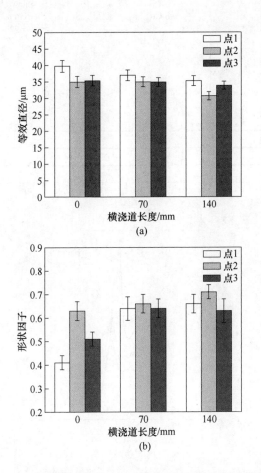

图 4.13　不同横浇道长度下 CuSn10P1 合金半固态挤压铸件的
等效直径（a）与形状因子（b）

从图 4.14 不同横浇道长度下流变挤压铸件的 XRD 衍射图谱可以看出，140mm 长横浇道下的成形件，$Cu_{13.7}Sn$ 相和 α-Cu 相的主衍射峰向左迁移，表示两相的晶格常数逐渐增大。这主要因为溶质原子在溶剂晶格中位置的占有率不同，锡原子半径尺寸较大（$r = 0.316nm$），铜原子半径尺寸（$r = 0.316nm$）小于锡原子，当锡元素在 $Cu_{13.7}Sn$ 相和 α-Cu 相的固溶度增加时，锡原子置换铜原子，固溶到 $Cu_{13.7}Sn$ 相和 α-Cu 相中的锡原子含量逐渐增加，锡原子占据了溶剂点阵中的点阵，增大了 $Cu_{13.7}Sn$ 相和 α-Cu 相的平均原子半径尺寸，加剧了晶格畸变，使两相的晶格常数变大。同时，锡元素在 $Cu_{13.7}Sn$ 相和 α-Cu 相中固溶度增加，更多的锡元素由晶间向晶内迁移，改善了晶间锡元素偏析现象。由布拉格方程[12]（式（4.2））可知，随晶面间距增加，X 射线衍射角减小，因此衍射峰左移。

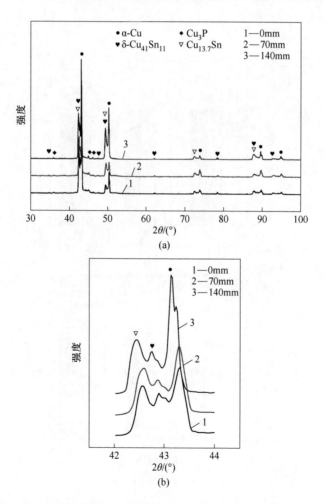

图 4.14   不同横浇道长度下流变挤压铸件的 XRD 衍射图谱（a）和
局部放大图（b）

$$2d\sin\theta = n\lambda \tag{4.2}$$

式中　d——晶面间距；

　　　θ——入射线与晶面的夹角；

　　　n——整数；

　　　λ——X 射线波长。

为了进一步研究横浇道长度对流变挤压铸件显微组织的影响，对不同横浇道长度下 CuSn10P1 合金铸件的组织进行 EPMA 分析，如图 4.15 所示。对图中点 1、点 2、点 3 进行能谱分析得到的结果见表 4.2，其中点 1 为初生 α-Cu 相内部的各元素含量，点 2 为晶间组织的元素成分，点 3 为高锡层处的元素成分。从表 4.2 可以看出，高锡层（点 3）的锡含量随着横浇道长度的增加而增加，而晶间组织（点 2）中的锡含量则随着横浇道长度的增加而降低，其中横浇道长度从 0mm 增加到 70mm 时的趋势程度比较明显，继续增加横浇道长度，锡含量虽然仍存在这种增长趋势，但是变化程度较小，不同位置处的锡元素含量相近。初生 α-Cu 相（点 1）内部锡含量同样随横浇道长度的增加而增加，但是变化幅度很小，这可能是因为初生 α-Cu 相心部扩散距离远，锡元素通过高锡层包晶相向生 α-Cu 相内部扩散的驱动力小，锡元素扩散困难，导致不同横浇道长度下的成形件初生 α-Cu 相内部锡含量变化幅度不大。横浇道长度增加，锡元素逐渐从晶界 δ 相向晶界高锡层处迁移，并且高锡层的厚度增加。由于半固态浆料凝固过程中会发生包晶反应，在初生 α-Cu 相外围生成包晶相，液相中锡元素的含量高于包晶相和 α-Cu 相内的含量，因此在液相与包晶相和初生 α-Cu 相之间形成了浓度梯度。高锡层是由包晶相发生切变相变形成的亚稳相 β′-Cu$_{13.7}$Sn 相和高锡含量的 α-Cu 相，当横浇道长度为 0mm 时，成形件内浇道与料筒直接相连，料筒内熔体容量大使温度下降慢，有利于锡元素从 α-Cu 相内部向液相扩散，因此成形件中初生 α-Cu 相锡元素较低，晶间组织中的锡元素较高。横浇道长度增加，半固态浆料在横浇道内流动的时间随之增加，熔体温度下降，锡元素在初生 α-Cu 相的固溶度减小，锡元素从初生 α-Cu 相内向晶间迁移，而 δ 相内的锡元素在浓度梯度的驱使下向初生 α-Cu 相内扩散。熔体快速凝固会阻碍锡元素通过固液界面向液相扩散，但它足以使溶质反扩散到 α-Cu 基体中，导致晶间高锡含量的 δ 相减少。因此，增设横浇道可以改善锡元素的晶间偏析现象。

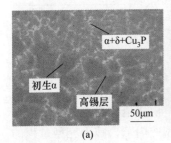

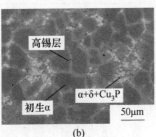

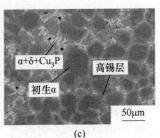

(a)　　　　　　　　　　(b)　　　　　　　　　　(c)

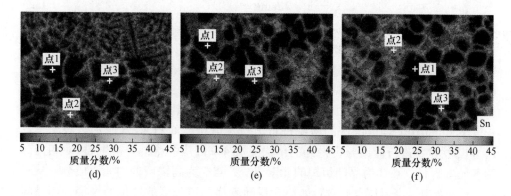

图 4.15　不同横浇道长度下 CuSn10P1 合金半固态挤压铸件的 EPMA 图像

(a)(d) 0mm；(b)(e) 70mm；(c)(f) 140mm

表 4.2　不同横浇道长度下 CuSn10P1 合金半固态挤压铸件不同位置 EDS 结果

横浇道长度/mm	元素	位　　置					
		点 1		点 2		点 3	
		质量分数/%	摩尔分数/%	质量分数/%	摩尔分数/%	质量分数/%	摩尔分数/%
0	Cu	97.87	98.85	67.17	79.26	89.82	93.83
	Sn	2.13	1.15	32.83	20.74	9.88	5.67
	P	—	—	—	—	0.30	0.50
70	Cu	97.79	98.81	69.44	80.56	88.93	93.37
	Sn	2.21	1.19	30.29	18.81	10.80	6.07
	P	—	—	0.27	0.63	0.26	0.56
140	Cu	97.3	98.60	69.72	81.30	88.73	92.89
	Sn	2.70	1.40	30.00	18.09	10.77	6.04
	P	—	—	0.28	0.61	0.50	1.07

4.2.3　内浇道长度对流变挤压铸件微观组织的影响

合理的浇注系统设计是获得性能优异铸件的前提，内浇道作为浇注系统的重要组成部分，使金属液得以平稳快速地从横浇道流入型腔内部，减少充型过程的不平稳、紊流和飞溅，从而得到组织致密的成形件。合金熔体流经横浇道后进入内浇道，是熔体进入成形件型腔的最后一道关卡。内浇道长度决定了合金熔体进入成形件型腔的时间，内浇道过长也增加生产成本。本节主要探讨内浇道长度对 CuSn10P1 合金半固态流变挤压铸件显微组织的影响，在得到成形件均匀组织的同时，也保证铸件的工艺出品率。

不同内浇道长度下的成形件沿充型方向上的显微组织变化规律如图 4.16 所示，铸件的显微组织均由初生 α-Cu 相和晶间 $\alpha + \delta + Cu_3P$ 三元相组成。由不同内浇道长度下 CuSn10P1 合金半固态流变挤压铸件显微组织对比可知，随着内浇道长度的增加，组织分布均匀程度先增加后降低，当内浇道长度达 30mm 并继续增加时，出现了明显的固液分离现象。当内浇道长度为 10mm 时，铸件充型中、末端的显微组织保持了半固态浆料显微组织[14]的特征，颗粒之间还存在着一些液相凝固形成的细小枝晶（见图 4.16(b)(c)），这些细小枝晶是因为浆料中的液相与型腔壁接触，产生了较大的过冷度，沿着模具壁产生大量的晶核，由于铸件前期冷却较快，溶液中的溶质没有足够的时间进行充分扩散，溶质会迅速富集在液固界面前沿的液相中，破坏了液固界面的稳定性，导致部分初生相以枝晶形态生长[13]；铸件充型中部的显微组织出现了粘连合并长大的现象，铸件充型开始端显微组织同样存在粘连现象，这些粘连可能是由液相中直接形核的二次晶粒长大造成的。另外，铸件充型开始端熔体凝固时间长和熔体温度高，凝固后的显微组织中存在少量的缩松缩孔等缺陷（见图 4.16(a)）。当内浇道长度增加至 20mm 时，显微组织形貌的一致性有所提高，以等轴状组织为主，蠕虫状和枝晶组织减少（见图 4.16(d)~(f)）。当内浇道长度增加到 30mm 和 40mm 时，显微组织沿充型方向出现了明显的固液分离现象，半固态浆料在内浇道内流动时间长，型腔壁对熔体的激冷促使熔体内二次形核并使熔体温度降低，半固态浆料的流动性下降，充型过程中液相流动性好会优先流动并带动固相一起充型的能力减弱，导致铸件充型末端初生 α-Cu 较少、液相较多，凝固后出现了细小枝晶组织（见图 4.16(i)(l)）；铸件充型中部组织与半固态浆料保持一致（见图 4.16(h)(k)），铸件充型开始端初生 α-Cu 相较多且尺寸较大，出现了严重的粘连和合并长大现象。原因可能是内浇道长度太长，使半固态浆料温度下降，初生 α-Cu 颗粒在进入成形件入口处塞积，塞积的初生 α-Cu 相之间合并长大并通过自身周围的元素扩散长大（见图 4.16(g)(j)）。

不同内浇道长度下的 CuSn10P1 合金半固态挤压铸件沿充型方向上的液相率分布如图 4.17 所示。可以看出，不同内浇道长度下的成形件液相率沿充型方向都有一定的波动，充型开始端的液相率普遍低于中、末端，其中内浇道长度为 20mm 的成形件变化幅度低于其他铸件。当内浇道长度为 10mm 时，虽然成形件充型开始端的液相率相对较低，但是中、末端的液相率相差很小，只有 2.5%，

充型方向

1　　　　　　　　　　　2　　　　　　　　　　　3

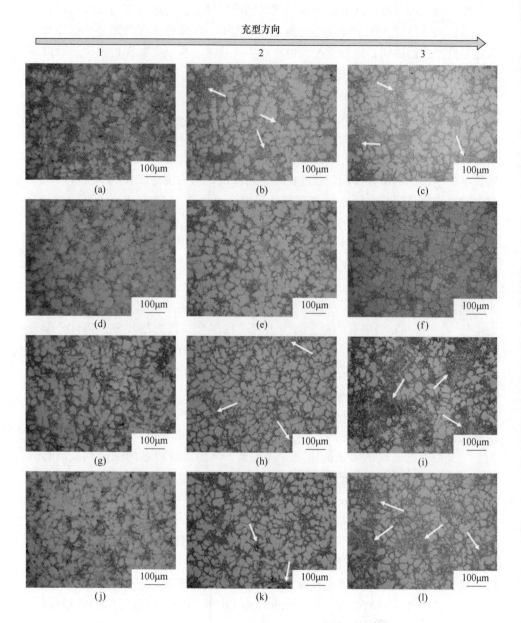

图 4.16　不同内浇道长度下 CuSn10P1 合金半固态挤压铸件的显微组织

(a)~(c) 10mm；(d)~(f) 20mm；(g)~(i) 30mm；(j)~(l) 40mm

且该成形件的液相率要高于其他内浇道长度下的铸件，这可能是内浇道长度较短，熔体过冷时间短，大量液相随着固相颗粒一起充型导致的，而且液相较多时，受到型腔壁的激冷作用形成了部分枝晶。当内浇道长度为 20mm 时，液相率沿充型方向分布比较均匀，差值都在4%之内；当内浇道长度达30mm并继续增加时，液相率分布不均匀，最大差值高达20%。随着内浇道长度增加，充型前、中端的液相率略微降低，这是因为长度增加，半固态浆料在浇道内的冷却时间增加，内浇道型腔壁对液相的激冷形核作用加强，同时熔体温度下降，有利于晶核消耗液相长大成晶粒并抑制其快速长大，因此液相率增加。当内浇道长度达30mm和40mm时，充型末端的液相率比较高，可能是浇道距离过长虽然降低了浆料的液相率，但是会导致液相不足以润滑初生α-Cu颗粒进行充型，流动性好的液相在挤压力的作用下流到充型末端，大量初生α-Cu颗粒滞留在内浇道内部，无法完全充型到铸件内部，且充型末端的液相受到型腔壁激冷生成了大量细小枝晶。

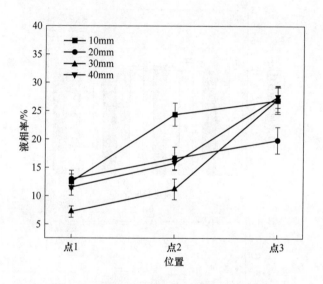

图4.17 不同内浇道长度下CuSn10P1合金半固态
挤压铸件沿充型方向的液相率分布

不同内浇道长度下CuSn10P1合金半固态挤压铸件的平均等效直径和形状因子统计结果如图4.18所示。当内浇道长度为10mm时，成形件充型前端、中端、末端的初生α-Cu晶粒平均等效直径分别为36.9μm、34.9μm、34.8μm，形状因子分别为0.64、0.66、0.64；当内浇道长度为20mm时，成形件充型前端、中端、末端的初生α-Cu晶粒平均等效直径分别为37.6μm、34.9μm、36.5μm，形状因子分别为0.65、0.68、0.65；当内浇道长度为30mm时，成形件充型前端、中端、末端的初生α-Cu晶粒平均等效直径分别为36.2μm、34.2μm、31.9μm，形状因子分别为0.57、0.70、0.63；当内浇道长度为40mm时，成形件充型前端、中端、末端的初生α-Cu晶粒平均等效直径分别为39.2μm、33.8μm、

33.8μm，形状因子分别为 0.58、0.69、0.62。从图 4.18 可知，内浇道长度为 10mm 和 20mm 时，初生 α-Cu 晶粒平均等效直径和形状因子沿充型方向上变化并不明显，晶粒大小和圆整度比较接近，这表明半固态浆料在充型过程中固相颗粒和液相协同流动性相对较好，液相带动初生 α-Cu 晶粒平稳充型且保持了较均匀的温度场，晶粒没有明显的择优取向。当内浇道长度增加至 30mm 和 40mm 时，充型前端晶粒平均等效直径明显大于充型末端，形状因子沿充型方向上波动较大，充型中部的晶粒圆整度大于其他成形位置。原因可能是内浇道长度太长，使半固态浆料温度下降，初生 α-Cu 颗粒在进入成形件入口处塞积，塞积的初生 α-Cu 相之间会合并长大并通过自身周围的元素扩散长大。

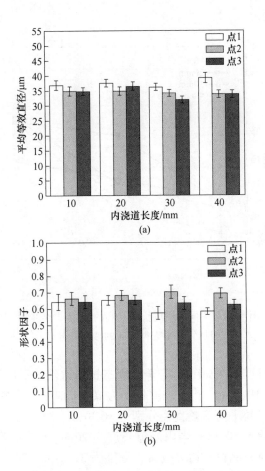

图 4.18   不同内浇道长度下 CuSn10P1 合金半固态挤压铸件平均
等效直径（a）与形状因子（b）的统计结果

通过 X 射线衍射仪测定得到不同内浇道长度下流变挤压铸件的 XRD 衍射图

谱如图 4.19 所示。内浇道长度从 10mm 增加至 30mm，成形件中 $Cu_{13.7}Sn$ 相和 α-Cu 相的主衍射峰向左偏移，表明锡元素在 $Cu_{13.7}Sn$ 相中固溶度增加，更多的锡元素由晶间向晶内和高锡层迁移，改善了晶间锡元素偏析现象。当内浇道长度增加至 40mm 时，$Cu_{13.7}Sn$ 相和 α-Cu 相的主衍射峰又向左偏移，与浇道长度为 10mm 时一致。

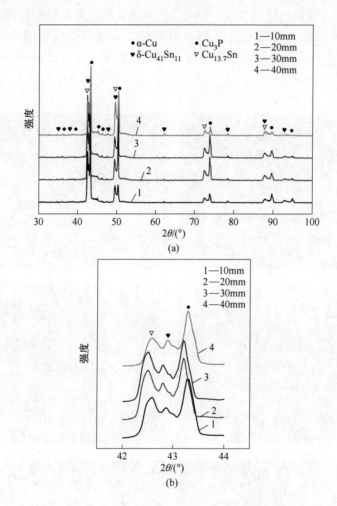

图 4.19　不同内浇道长度下流变挤压铸件的
XRD 衍射图谱（a）和局部放大图（b）

为了进一步确定锡元素在不同位置的分布和含量，对不同内浇道长度下的成形件进行了 EPMA 和能谱分析，见图 4.20 和表 4.3。随着内浇道长度的增加，初生 α-Cu 相（点 1）的锡元素质量分数先从 2.21% 增加到 2.99% 后降低为 2.09%；高锡元素过渡层（点 4）中锡元素质量分数先从 10.08% 增加到 12.18%

后降低为 10.68%；晶间组织 δ-Cu$_{41}$Sn$_{11}$ 相（点 2）中锡元素质量分数先从 30.29% 降低到 28.78% 后增加为 30.53%。从图 4.20 的 EPMA 测试结果来看，随着内浇道长度的增加，锡元素在晶间组织 δ-Cu$_{41}$Sn$_{11}$ 处的分布较少，晶界高锡层的分布增多，这可能是因为浇道长度增加，型腔壁的激冷作用消耗液相，导致残余液相中的锡元素向高锡层和晶内迁移，晶间组织体积分数减小，锡元素晶间偏析得到改善。增加内浇道长度，锡元素更多地分布在高锡层和晶内，改善了锡元素晶间偏析现象，当浇道长度继续增加时，晶间偏析改善效果降低，其中 30mm 内浇道长度下的成形件有相对较好的改善效果，这与图 4.19 中 XRD 衍射图谱得到的结果一致。

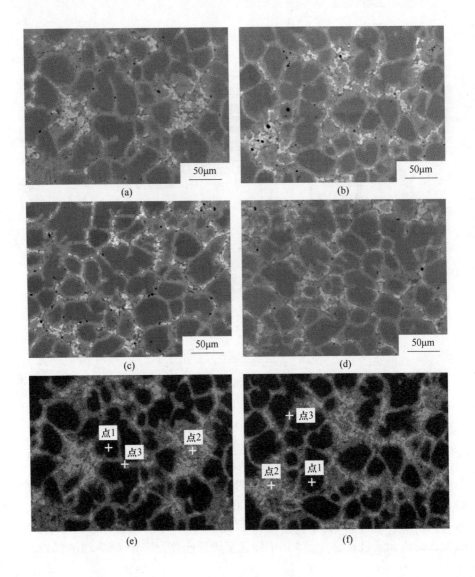

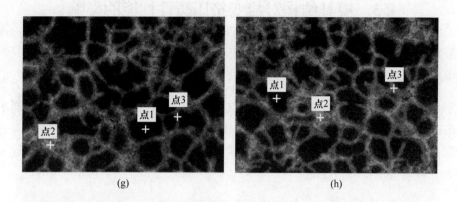

(g)　　　　　　　　　　　　　　　　(h)

图 4.20　不同内浇道长度下 CuSn10P1 合金半固态挤压铸件的 EPMA 图像

(a)(e) 10mm；(b)(f) 20mm；(c)(g) 30mm；(d)(h) 40mm

表 4.3　不同内浇道长度下 CuSn10P1 合金半固态挤压铸件不同位置的 EDS 结果

内浇道长度/mm	元素	位置					
		点 1		点 2		点 3	
		质量分数/%	摩尔分数/%	质量分数/%	摩尔分数/%	质量分数/%	摩尔分数/%
10	Cu	97.79	98.81	69.44	80.56	88.93	93.37
	Sn	2.21	1.19	30.29	18.81	10.80	6.07
	P	—	—	0.27	0.63	0.26	0.56
20	Cu	97.25	98.36	70.39	81.04	86.90	90.89
	Sn	2.75	1.64	29.30	18.21	11.98	6.71
	P	—	—	0.31	0.75	1.12	2.40
30	Cu	97.01	98.38	71.22	81.30	87.64	92.71
	Sn	2.99	1.62	28.78	18.09	12.18	6.90
	P	—	—	—	—	0.18	0.39
40	Cu	97.91	98.87	69.21	80.39	88.50	92.28
	Sn	2.09	1.13	30.53	18.98	10.68	5.96
	P			0.26	0.63	0.82	1.75

4.3　模具结构对流变挤压铸件性能的影响

4.3.1　壁厚对流变挤压铸件性能的影响

金属半固态流变成形虽然在铸造成形过程中具有一定的优势，但也存在充型过程中易引起显微组织不均匀分布的特性，影响铸件性能。零件的壁厚会影响 CuSn10P1 合金半固态挤压铸件固液两相显微组织均匀性、初生 α-Cu 的晶粒尺寸及圆整度、晶间组织形貌及分布和锡元素分布情况，进而影响成形件的室温拉伸性能、硬度及摩擦磨损性能。

4.3.1.1　不同壁厚流变挤压铸件的拉伸性能

壁厚对 CuSn10P1 合金半固态挤压铸件力学性能的影响如图 4.21 所示。3mm 壁厚半固态挤压铸件充型前半段的抗拉强度为 320.6MPa、伸长率为 8.89%，充型后半段抗拉强度为 320.6MPa、伸长率为 4.44%；5mm 壁厚半固态挤压铸件充型前半段的抗拉强度为 386.4MPa、伸长率为 9.07%，充型后半段抗拉强度为 348.3MPa、伸长率为 5.83%；10mm 壁厚半固态挤压铸件充型前半段的抗拉强度为 445.6MPa、伸长率为 37.78%，充型后半段抗拉强度为 438.3MPa、伸长率为 28.56%；20mm 壁厚半固态挤压铸件充型前半段的抗拉强度为 398.7MPa、伸长率为 19.81%，充型后半段抗拉强度为 412.9MPa、伸长率为 19.44%。随着铸件壁厚的减小，成形件充型前段和充型后段的室温抗拉强度和伸长率均呈先增加后降低的趋势，壁厚为 10mm 时性能最佳，与 3mm、5mm、20mm 壁厚半固态挤压铸件相比，充型前半段的抗拉强度分别提升了 39.0%、15.3%、12.0%，伸长率分别提高了 325.0%、317.0%、90.7%；充型后半段的抗拉强度分别提升了 36.7%、25.8%、6.2%，伸长率分别提高了 543.2%、389.9%、46.9%。

对于 CuSn10P1 合金半固态流变挤压铸件，拉伸性能主要受 3 个因素的影响：细晶强化、固溶强化和组织均匀性[5]。就细晶强化而言，晶粒尺寸减小，晶界数量增加，晶界对位错移动阻碍作用加强，从而提高铸件的抗拉强度[14]。由于平均晶粒尺寸细化导致的细晶强化可以用霍尔佩奇公式[15]表示：

$$\Delta\sigma_{HP} = K_{HP}d^{-\frac{1}{2}} \tag{4.3}$$

式中　K_{HP}——纯铜的霍尔佩奇常数，$K_{HP} = 4.5\text{MPa} \cdot \text{mm}^{1/2}$；

　　　d——平均晶粒尺寸。

对于充型前半段而言，晶粒尺寸取成形件前端和中端的平均晶粒尺寸，分别为 33.2μm、32.9μm、27.3μm、30.6μm，经计算，3mm、5mm、10mm、20mm

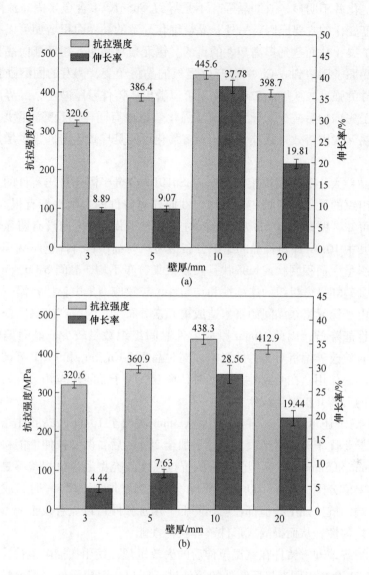

图 4.21 不同壁厚 CuSn10P1 合金半固态挤压铸件抗拉强度与伸长率

(a) 充型前半段; (b) 充型后半段

壁厚半固态挤压铸件中细晶强化所贡献的强度值分别为 24.7MPa、24.8MPa、27.2MPa、25.7MPa; 对于充型后半段而言, 成形件前端和中端的平均晶粒尺寸为 31.7μm、32.2μm、28.3μm、31.0μm, 计算得 3mm、5mm、10mm、20mm 壁厚成形件的细晶强化作用所贡献的强度值分别为 25.3MPa、25.1MPa、26.7MPa、25.6MPa。由此可见, 无论是充型前半段还是充型后半段, 由细晶强化所提供的强度增值变化并不明显，故细晶强化不是导致 CuSn10P1 合金半固态流变挤压铸件抗拉强度变化的主要原因。另外，晶粒细化导致的晶界面积增加可以有效抑制微裂纹的扩展，从而达到提高塑性的目的。锡元素从晶间 δ 相逐渐向晶界高锡层处转移，锡原子固溶到 α-Cu 中会产生强烈的晶格畸变，诱发的固溶强化作用会提高成形件的强度。从图 4.7 和表 4.1 可以看出，铸件壁厚减小，晶界附近溶解的溶质原子先增加后减少，导致的固溶强化效果也有同样的趋势，壁厚为 10mm 的成形件锡元素固溶效果最佳，因此固溶强化可能是导致该铸件强度增加的重要因素。

除了晶粒大小和溶质固溶度影响 CuSn10P1 合金半固态挤压铸件的力学性能外，晶间组织的尺寸、形状和分布均匀性同样对铸件的力学性能有很大的影响。由图 4.8 可知，壁厚为 10mm 和 20mm 时，成形件沿充型方向没有明显的固液分离现象，其中 10mm 厚铸件晶间组织分布最为均匀细小；铸件壁厚减小，成形件的晶间组织呈大面积网状或长条状且团簇聚集分布不均，晶间 δ-$Cu_{41}Sn_{11}$ 和 Cu_3P 等硬脆相会破坏显微组织的连续性和均匀性，导致应力集中，使室温下的力学性能恶化。由于锡元素在晶间的富集造成锡元素分布不均匀，产生晶间偏析导致组织的力学性能降低，因此 10mm 厚成形件晶间组织数量较少，晶间偏析程度较低，可以有效改善偏析对铸件的影响。同时晶间 δ-$Cu_{41}Sn_{11}$ 和 Cu_3P 等硬脆相会对基体产生割裂作用，在受到外力变形时，形变受阻于晶间硬脆相，容易导致硬脆相中裂纹的形核并扩展造成断裂。

从图 4.21 还可以看出，铸件壁厚从 3mm 增加至 10mm，成形件充型前半段的拉伸性能要优于充型后半段，壁厚增加至 20mm 后，两者拉伸性能接近。铸件壁厚为 3mm 和 5mm 时，充型前半段的抗拉强度与充型后半段相差不是很大，但是伸长率差值分别达到了 100.0% 和 18.9%。当壁厚大于 5mm 时，成形件充型前端和末端的抗拉强度差值都在明显降低，增加壁厚可以显著改善成形件不同位置的组织均匀性，从而提高成形件整体拉伸性能。

为了更好地理解铸件在室温拉伸后的失效机理，使用扫描电镜检查了不同壁厚 CuSn10P1 合金半固态挤压铸件的拉伸试样断口，因成形件充型前端与充型末端的拉伸断裂形式类似，只比较充型前半段端的拉伸断口，如图 4.22 所示。从图 4.22 可以看到，断口处都存在一定数量的撕裂棱、韧窝和小面积的解理平台，属于准解理断裂和韧性断裂的混合型断裂。当铸件壁厚为 3mm 和 5mm 时，成形件的拉伸断裂表面清晰地呈现出一定数量裂纹缺陷，韧窝数量较少，影响了样品拉伸过程中的延展性，导致成形件的塑性较低；此外，由于晶间组织处容易发生应力集中，在外部应力引起的变形过程中往往会优先产生裂纹源，晶间 δ-$Cu_{41}Sn_{11}$ 和 Cu_3P 等硬脆相的存在对 α-Cu 基体产生分裂作用，使边界数目增加。因此，在合金塑性变形过程中位错难以跨越边界，导致相界面开裂和沿晶断裂。晶间硬脆相的尺寸越大，对性能的不利影响越严重。壁厚为 10mm 和 20mm 的样品断口表面韧窝尺寸减小且深、数量和密集程度增加，表明韧性断裂在断裂过程中起了主导作用，并且成形件晶间硬脆相尺寸较小且分布均匀，使铸件塑性得到了提升。

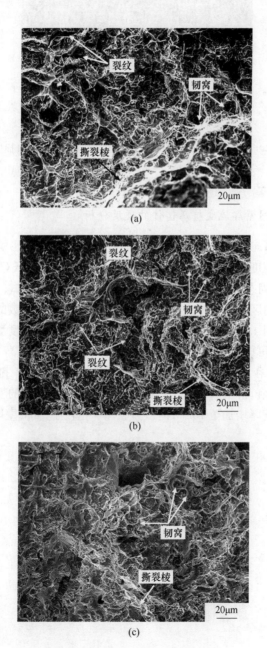

(a)

(b)

(c)

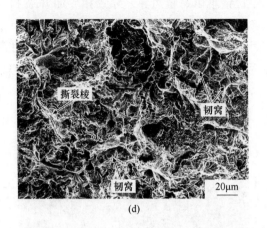

(d)

图 4.22　不同壁厚 CuSn10P1 合金半固态挤压铸件的断口扫描图像

(a) 3mm；(b) 5mm；(c) 10mm；(d) 20mm

4.3.1.2　不同壁厚流变挤压铸件的硬度分析

为了探究壁厚对 CuSn10P1 合金半固态挤压铸件的硬度影响，对不同壁厚成形件进行了显微硬度和布氏硬度测试。采用全自动显微维氏硬度计对不同壁厚 CuSn10P1 合金半固态挤压铸件的 3 个区域进行显微硬度测试，如图 4.23 所示，由于不同壁厚相同区域的物相组成一致，故只取一个厚度参数的显微组织作为测试位置标示。对图 4.23 中点 1、点 2、点 3 位置进行显微硬度测试得到的硬度值如图 4.24 所示。可以看出，点 3 处的晶间组织的硬度明显高于其他两个位置，其中 δ-$Cu_{41}Sn_{11}$ 相和 Cu_3P 相等硬脆相起到至关重要的作用。随着铸件壁厚的增加，初生 α-Cu 相和晶间组织处的显微硬度值没有发生显著的变化，但是晶界高锡层处硬度值在壁厚增加至 10mm 时提升较多，相较于 3mm 壁厚铸件硬度值增加

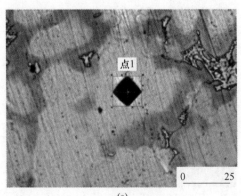

(a)

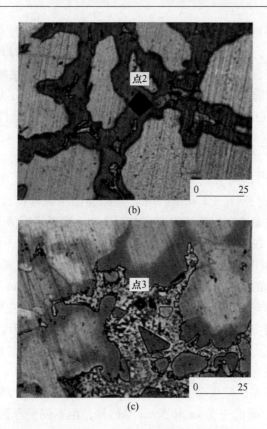

(b)

(c)

图 4.23 CuSn10P1 合金半固态挤压铸件显微硬度测试位置

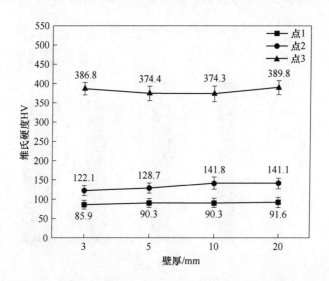

图 4.24 不同壁厚 CuSn10P1 合金半固态挤压铸件显微硬度值

了 16.1%，当壁厚继续增加至 20mm 时，高锡层处的维氏硬度值与 10mm 相差不大。铸件壁厚增加，高锡层处硬度增加，原因可能是随着壁厚增加，锡原子在晶界高锡层处的固溶含量增加，锡原子固溶到铜基体产生晶格畸变，造成位错缠结，增加位错运动的阻力，使位错滑移难以进行，进而提高了其硬度。

图 4.25 为不同壁厚 CuSn10P1 合金半固态挤压铸件的平均布氏硬度，图中点1、点 2、点 3 分别对应铸件充型前端、中端、末端。由图 4.25 可知，3mm 和 5mm 壁厚铸件的平均布氏硬度沿充型方向有明显的增加趋势，充型末端的平均布氏硬度 HBW 可以达到 121，而充型前端的平均布氏硬度值 HBW 却只有 104 和 101，差值分别达到了 16.3% 和 19.2%。根据显微组织分析，3mm 和 5mm 壁厚铸件沿充型方向的固液两相显微组织分布不均匀，出现了固液分离现象，在充型中端和末端具有较高的液相，晶间组织体积分数增加，导致硬度较高的 δ-$Cu_{41}Sn_{11}$ 相和 Cu_3P 相的含量增加，且大面积集中聚集或呈网状分布，因此成形件充型中端和末端的平均布氏硬度更高。当壁厚增加至 10mm 和 20mm 时，平均布氏硬度沿充型方向没有明显的增加或降低，差值很小，这主要得益于显微组织的均匀性，晶间组织均匀地分布于成形件的各个位置，高硬度的 δ 相和 Cu_3P 相对铸件整体的硬度贡献值比较均匀，故 10mm 和 20mm 厚铸件的平均布氏硬度整体也比较均匀，没有突然升高或降低的现象。对比不同壁厚 CuSn10P1 合金半固态挤压铸件的平均布氏硬度值，可以发现，10mm 和 20mm 厚铸件充型中端和末端的平均布氏硬度要低于 3mm 和 5mm 厚铸件，由不同壁厚铸件的液相率可知，3mm 和 5mm 厚铸件的充型中端和末端的液相率要高于 10mm 和 20mm 厚铸件，因此其晶间组织的体积分数也更高，晶间组织中硬度较高的 δ-$Cu_{41}Sn_{11}$ 相和 Cu_3P

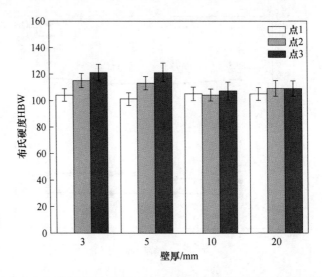

图 4.25   不同壁厚 CuSn10P1 合金半固态挤压铸件的布氏硬度值

相贡献的硬度值也就越高。图4.25中，10mm和20mm厚铸件高锡层处的硬度虽然高于3mm和5mm厚铸件，但是晶间组织处的硬度远大于高锡层处，故晶间组织才是影响铸件硬度变化的主要原因，由于晶间组织的硬度值随壁厚增加变化不大，因此晶间组织的体积分数和分布对铸件的硬度起着至关作用。

4.3.1.3 不同壁厚流变挤压铸件的摩擦磨损性能

摩擦磨损是造成机械零件失效的重要原因之一，会引起材料表面的损伤和消耗，导致工业生产中成本的增加和资源的浪费[16]。铜锡合金因其优异的塑性和强度而被广泛应用于交通领域的轴承、衬套等部件，但是零部件在工作过程中承受的机械力、摩擦力和热应力越来越大，对材料的稳定性也越来越高，因此研究铜锡合金的摩擦磨损性能具有重要意义[17]。

CuSn10P1合金的摩擦系数是反映其摩擦磨损性能的重要指标之一，正常情况下摩擦系数越小越稳定，表明材料的摩擦磨损性能越好，反之摩擦系数越大、波动越大，摩擦磨损性能越差。不同壁厚CuSn10P1合金半固态挤压铸件摩擦磨损系数与摩擦时长的关系如图4.26所示。随着铸件壁厚的增加，摩擦系数开始呈增高的趋势，壁厚增加至5mm并继续增加时，摩擦系数基本没有发生变化。同时，对于不同壁厚CuSn10P1合金半固态挤压铸件的摩擦磨损前期，摩擦系数都出现了急剧增加的情况；随着摩擦磨损时长的增加，除了3mm壁厚铸件，摩擦系数最后都稳定在一定范围之内波动。从图中可以看出，CuSn10P1合金半固态挤压件的摩擦系数从开始至400s左右呈急速上升，为摩擦磨损的磨合阶段，在摩擦时长为400s后除3mm壁厚铸件外，都进入了稳定摩擦阶段，摩擦系数波

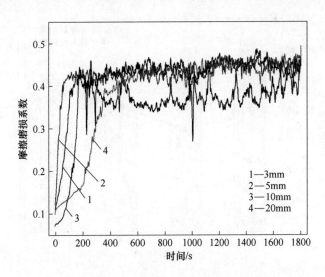

图4.26 不同壁厚CuSn10P1合金半固态挤压铸件的摩擦磨损系数

动相对平稳。3mm 壁厚铸件的摩擦系数先急剧升高后又降低，在后续摩擦过程波动起伏程度较大，可能是因为成形件显微组织不均匀分布，与摩擦副之间的受力不均匀造成的。摩擦磨损试验取样为成形件中间的位置，从图 4.25 可知，不同壁厚铸件中间位置的平均布氏硬度差值不是特别大，这同其相应的摩擦系数的变化趋势是类似的。

从材料的失效性方面进行考虑，采用磨损材料的体积磨损量比质量磨损量和长度磨损量要更加合理。相对耐磨性是指标准材料磨损量与被测材料磨损量的比值，相对耐磨性公式[88]如下：

$$\varepsilon_{相对} = W_{标准} / W_{试样} \tag{4.4}$$

式中 $W_{标准}$——标准材料的磨损量；

　　　　$W_{试样}$——被测试样材料的磨损量。

不同壁厚 CuSn10P1 合金半固态挤压铸件的体积磨损量和以 3mm 壁厚铸件磨损量作为标准的相对耐磨性如图 4.27 所示。结果表明，随着铸件壁厚的增加，与 GCr15 轴承钢配副时的体积磨损量呈先减少后增加的趋势，相对耐磨性先增高后降低。3mm 厚半固态挤压铸件的 GCr15 轴承钢配副时的体积磨损量为 $29.81 \times 10^6 \mu m^3$，表现出较差的抗磨性；当壁厚增加至 5mm，成形件体积磨损量为 $24.51 \times 10^6 \mu m^3$，磨损量减少，耐磨性增强；随着壁厚增加至 10mm，成形件的磨损量为 $21.63 \times 10^6 \mu m^3$，具有最低的磨损量，耐磨性最优；当壁厚继续增加至 20mm，磨损量又增加为 $26.13 \times 10^6 \mu m^3$，抗摩擦磨损特性降低。

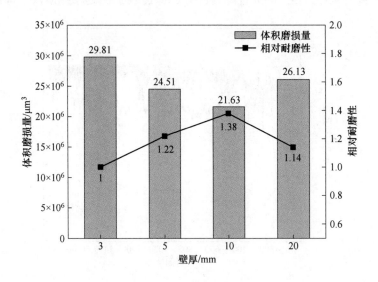

图 4.27   不同壁厚 CuSn10P1 合金半固态挤压铸件的体积磨损量

　　不同壁厚 CuSn10P1 合金半固态挤压铸件表面磨痕的三维轮廓形貌如图 4.28 所示。由图 4.28 可以看出，增加铸件壁厚，材料体系的磨痕宽度逐渐变窄，5mm、10mm、20mm 厚铸件的划痕宽度相近；划痕的最大深度也呈先降低后升高的趋势，其中 3mm 厚铸件最大划痕深度为 40.1μm，5mm 厚铸件为 39.1μm，10mm 厚铸件为 33.0μm，20mm 厚铸件为 37.0μm，这与图 4.27 所示的体积磨损量结果相吻合。当铸件壁厚为 10mm 时，成形件的最大划痕深度最小，表明 10mm 厚半固态挤压铸件具有最佳的耐磨性能。

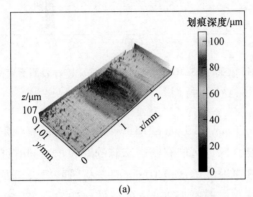

(a)

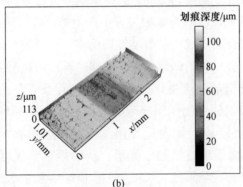

(b)

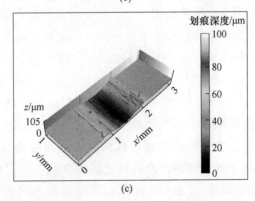

(c)

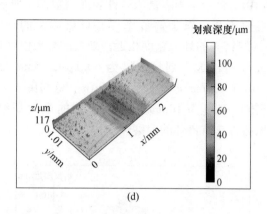

(d)

图 4.28　不同壁厚 CuSn10P1 合金半固态挤压铸件表面磨痕的三维形貌
(a) 3mm；(b) 5mm；(c) 10mm；(d) 20mm

　　如图 4.29 所示，3mm 和 5mm 壁厚铸件的摩擦表面有一定数量的犁沟并且伴有沿滑动方向的划痕，部分区域有密密麻麻的颗粒物，同时许多区域还存在塑性变形特征。当铸件壁厚继续增加至 10mm 时，材料磨损表面犁沟数量减少且不连续，颗粒的含量也减少。壁厚为 20mm 的铸件犁沟数量虽然也不是很多，但是颗粒数量明显增多。图中颗粒物为摩擦过程中产生的磨屑，铸件与摩擦副摩擦时，由于接触点黏着和焊合而形成的黏着结点被反复剪切断裂，被剪断的材料转移到另一个表面，有时也会反黏附回原表面，转移的材料经过反复转移和挤压等，往往会脱落形成游离的磨屑，这是黏着磨损的典型特征[18]。在摩擦开始阶段，对偶件微凸体对摩擦表面的犁削作用导致摩擦面产生划痕和犁沟。3mm 铸件还存在明显的片状剥落现象[19]，随着壁厚增加，这种现象有明显的改善，壁厚为 10mm 铸件的磨损表面形貌逐渐趋于光滑。从磨损形貌还可以看到一些白色颗粒，对其进行能谱分析，结果见表 4.4。根据 EDS 结果显示，颗粒物都含有不同含量的氧元素，这是因为在摩擦过程中，金属表面发生氧化反应，氧化物由于机械作用或者由于氧化物与基体热膨胀系数不同，从表面剥落形成氧化物磨屑，属于氧化磨损的特征。3mm 和 5mm 壁厚铸件的耐磨性要低于 10mm 壁厚铸件，这可能是因为 3mm 和 5mm 厚铸件的组织均匀性差，晶间 δ 相和 Cu_3P 相等硬脆相在晶间处的高度不均匀分布，使其大面积集中聚集或者呈网状分布，在摩擦磨损过程中，这些硬质相颗粒在对偶件表面微突体的犁削作用下，比较容易发生犁削脱落并形成磨屑，硬质相磨屑可转移到摩擦副表面并反作用于试样表面，增加了摩擦阻力，使得钢－铜锡合金材料之间的摩擦在一定程度上转变为铜锡合金－铜锡合金之间的摩擦，加强了摩擦副接触表面之间的黏着倾向，不利于形成连续的机械混合层[20]。另外，硬质颗粒可能还会以磨料的形式对样品表面进行犁削，使得样品表面犁沟增多，并伴有撕脱现象，因此体积磨损量增加，耐磨性降低[21-22]。10mm 壁厚铸件晶间组织均匀分布于试样中，且细小弥散，对基体起到了强化作用，抵抗对偶件表面犁削作用的能力增强，抗磨性得以提升。

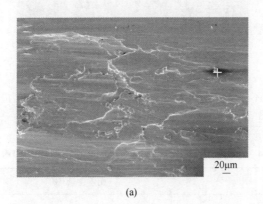

(a)

(b)

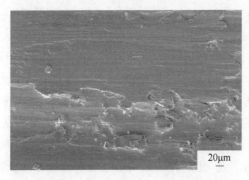

(c)

(d)

图 4.29   不同壁厚 CuSn10P1 合金半固态挤压铸件的摩擦磨损微观形貌

(a) 3mm；(b) 5mm；(c) 10mm；(d) 20mm

表 4.4   不同壁厚 CuSn10P1 合金半固态挤压铸件的 EDS 结果

壁厚/mm	元素含量/%			
	Cu	Sn	C	O
3	82.17	4.88	4.40	8.55
5	87.35	5.94	2.97	3.74
10	83.59	8.35	4.56	2.69
20	86.65	8.93	1.67	2.74

4.3.2   横浇道长度对流变挤压铸件性能的影响

4.3.2.1   不同横浇道长度下流变挤压铸件的拉伸性能

横浇道长度对 CuSn10P1 合金半固态挤压铸件力学性能的影响如图 4.30 所示，无横浇道下的半固态挤压铸件充型前半段抗拉强度为 364.8MPa、伸长率为 3.59%，充型后半段抗拉强度为 318.3MPa、伸长率为 3.33%；横浇道长度为 70mm 时的半固态挤压铸件充型前半段抗拉强度为 378.5MPa、伸长率为 8.48%，充型后半段抗拉强度为 365.2MPa、伸长率为 8.52%；横浇道长度为 140mm 时半固态挤压铸件充型前半段抗拉强度为 386.5MPa、伸长率为 9.07%，充型后半段抗拉强度为 360.9MPa、伸长率为 28.56%。横浇道长度为 70mm 时成形件充型前半段的抗拉强度和伸长率相比于无横浇道时分别提升了 3.7% 和 136.2%，成形件充型后半段的抗拉强度和伸长率相比于无横浇道时分别提升了 14.7% 和

155.9%；横浇道长度为140mm时成形件充型前半段的抗拉强度和伸长率相比于无横浇道时分别提升了5.9%和152.6%，成形件充型后半段的抗拉强度和伸长率相比于无横浇道时分别提升了13.4%和130.3%。由此表明，增加横浇道有利于CuSn10P1合金半固态挤压铸件力学性能的提升。

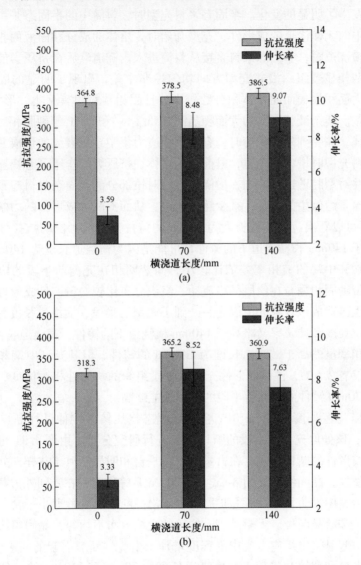

图4.30　不同横浇道长度下CuSn10P1合金半固态挤压铸件的抗拉强度与伸长率
（a）充型前半段；（b）充型后半段

细晶强化、固溶强化和组织均匀性是影响CuSn10P1合金半固态流变挤压铸件拉伸性能的重要因素。横浇道长度不同，无论是成形件充型前半段还是后半段，晶粒的整体平均粒径差值很小，根据霍尔佩奇公式得到的晶粒细化强度值差别也不是很大，故不同横浇道长度的成形件细晶强化作用可以忽略不计。当横浇道长度为 70mm 和 140mm 时，铸件的抗拉强度和塑性都提高，结合半固态流变挤压成形件的显微组织分析可知，产生拉伸性能提升的主要原因为增加横浇道后显微组织发生了明显的变化。半固态浆料充型时，料筒中的半固态浆料同时流向横浇道和中间无横浇道的成形件，充型开始时，熔体的成分和固液两相含量基本一致。无横浇道时，半固态浆料直接从料筒进入内浇道然后在挤压力的作用下充型，固液两相显微组织沿着充型方向均匀性非常差，出现了明显的固液分离现象，液相大面积聚集而固相体积分数较少，且固相颗粒团簇聚集，形状不规则、圆整度较差。残余液相生成的大面积晶间 $\delta\text{-}Cu_{41}Sn_{11}$ 和 Cu_3P 等硬脆相对基体的割裂作用加强，在受到外力载荷时，容易产生应力集中导致裂纹的形成并开裂。在半固态浆料充型时增设横浇道，最前端的熔体在挤压力的作用下会快速流到横浇道末端，并对型腔壁进行冲刷，横浇道末端对该部分的半固态浆料起到了挡渣的作用，消除了熔体中的夹杂，减少铸件缺陷，从而提高了成形件的力学性能。从图 4.30 还可以看出，横浇道长度为 70mm 的铸件充型前半段的抗拉强度和延伸率要略低于 140mm 长横浇道下的铸件，可能是因为横浇道长度为 140mm 的铸件充型开始端和中端的液相率差值比较小，固液两相在充型前半段的协同流动性好，液相带动固相颗粒在该段平稳流动，组织分布比较均匀，且成形件的整体液相率较低也是造成该现象的原因之一。到了充型后半段，横浇道长度为 70mm 的铸件的抗拉强度和伸长率又略高于 140mm 横浇道下的铸件，横浇道长度为 70mm 的铸件液相率虽然高于横浇道长度为 140mm 的铸件，但其充型中端和末端的液相率差值仅有 2.5%，说明成形件充型后半段组织的均匀性相对优良，导致横浇道长度为 70mm 铸件的充型后半段的拉伸性能略高。

　　不同横浇道长度的 CuSn10P1 合金半固态挤压铸件拉伸试样断口形貌如图 4.31 所示，该处取充型前半段的断口形貌进行研究分析。由图 4.31 可知，无横浇道时，成形件的断口形貌存在大量的解理平台和明显的河流花样，并且伴有一定数量的裂纹，晶间组织处的 $\delta\text{-}Cu_{41}Sn_{11}$ 和 Cu_3P 等硬脆相在受到外力载荷时，容易发生应力集中，萌发裂纹源并扩展，导致沿晶断裂出现解理小平台，断裂形式为解理断裂和沿晶断裂。无横浇道时的铸件组织分布不均匀，晶间组织粗大且聚集分布，引起显微组织应力集中的程度增加，由脆性断裂引起的断裂塑性较低，因此光滑平台和裂纹数量较多。横浇道长度为 70mm 和 140mm 的拉伸断口上存在明显的撕裂棱、韧窝和一些小平台，属于典型的混合型断口，其中出现撕裂棱和光滑小平台形貌特征说明存在准解理断裂，然而在断口上还存在一些韧窝，表明断裂方式中包含韧性断裂。因此，横浇道长度为 70mm 和 140mm 的铸件拉伸断裂形式属于韧性和脆性的混合断裂。

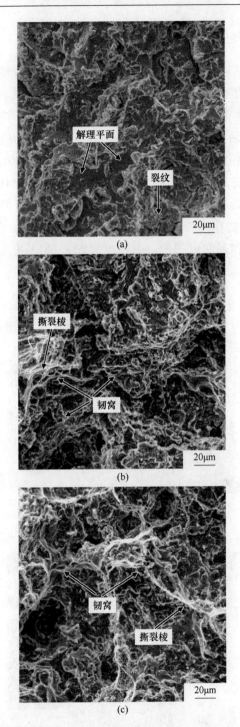

图 4.31 不同横浇道长度下 CuSn10P1 合金半固态挤压铸件断口扫描图像
(a) 无横浇道；(b) 横浇道长度为 70mm；(c) 横浇道长度为 90mm

4.3.2.2　不同横浇道长度下流变挤压铸件的硬度分析

为了探究横浇道长度对 CuSn10P1 合金半固态挤压铸件的硬度影响，对探究横浇道长度下的成形件进行了显微硬度和布氏硬度测试。同样采用全自动显微维氏硬度计对横浇道长度下 CuSn10P1 合金半固态挤压铸件的 3 个区域（见图 4.32）进行显微硬度测试，每个区域测试 5 次取平均值，由于不同工艺参数下相同区域的物相组成一致，故只取一个参数的显微组织作为测试位置标示。对图中点 1、点 2、点 3 位置进行显微硬度测试得到的硬度值如图 4.33 所示。可以看出，具有高硬度的 δ-$Cu_{41}Sn_{11}$ 相和 Cu_3P 相等硬脆相的晶间组织显微硬度明显高于初生 α-Cu 相和晶界高锡层处。增加横浇道，初生 α-Cu 相、晶界高锡层处和晶间组织的显微硬度并没有随浇道长度的增加产生明显的变化。

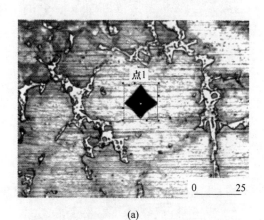

(a)

(b)

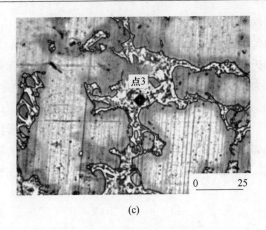

(c)

图 4.32 CuSn10P1 合金半固态挤压铸件显微硬度测试位置

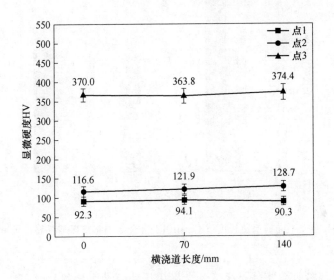

图 4.33 不同横浇道长度下 CuSn10P1 合金半固态挤压铸件的显微硬度值

为了更系统地了解横浇道长度对铸件整体硬度的影响，对铸件充型的不同位置进行了布氏硬度测试，每个位置测试 5 次取平均值，结果如图 4.34 所示。无横浇道时，半固态挤压铸件在充型末端的平均布氏硬度 HBW 可以达到 181，远高于 CuSn10P1 合金铸件的硬度值，而充型前端、中端的平均布氏硬度 HBW 分别只有 119 和 113，差值最大达到了 60.2%。根据第 4.2.2 节显微组织分布可知，无横浇道时，液相在充型末端大面积聚集，晶间组织的体积分数高达 68.1%。液相生成的晶间组织中具有较多、较高硬度的 $\delta\text{-Cu}_{41}\text{Sn}_{11}$ 相和 Cu_3P 相，在测试硬度时晶间组织区域附近的硬度值偏大，晶间组织含量较少的区域硬度值偏小，因此，成形件充型末端的平均布氏硬度远大于充型前端和中端，这也造成铸件沿充型方向上硬度不均匀的现象。增设横浇道后，长度为 70mm 的铸件充型前端、中端、末端的平均布氏硬度 HBW 为 113、112、115，成形件沿充型方向上的硬度值基本一致；长度为 140mm 的铸件充型前端、中端、末端的平均布氏硬度 HBW 为 110、115、123，成形件沿充型方向上的硬度值虽然有一定的波动，但是相比于无横浇道时浮动很小，硬度差值都在 7% 以内。对比不同横浇道长度下铸件的硬度可以得出，增加横浇道，成形件的初生 α-Cu 相、晶间组织和高锡层的硬度并没有很大的变化，因此影响横浇道长度下铸件硬度差异的主要因素为固液两相显微组织的均匀性。

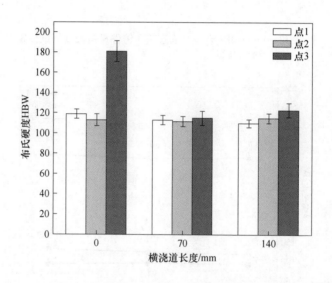

图 4.34　不同横浇道长度下 CuSn10P1 合金半固态挤压铸件布氏硬度值

4.3.2.3　不同横浇道长度下流变挤压铸件的摩擦磨损性能

不同横浇道长度下 CuSn10P1 合金半固态挤压铸件摩擦系数与摩擦时间的关系如图 4.35 所示。随着横浇道长度的增加，摩擦磨损系数的平均值基本相同，都在 0.45 附近浮动，说明增加横浇道长度，对 CuSn10P1 合金半固态挤压铸件摩擦系数的影响不是很大。图 4.36 为不同横浇道长度下 CuSn10P1 合金半固态挤压铸件的体积磨损量和以无横浇道铸件磨损量作为标准的相对耐磨性，无横浇道时的铸件体积磨损量为 $29.46 \times 10^6 \mu m^3$，横浇道长度增加至 70mm 和 140mm 时，成形件体积磨损量分别为 $25.34 \times 10^6 \mu m^3$ 和 $24.51 \times 10^6 \mu m^3$，结果表明，随着横浇道长度的增加，铸件与摩擦副试验产生的体积磨损量随之降低，相对耐磨性增高。

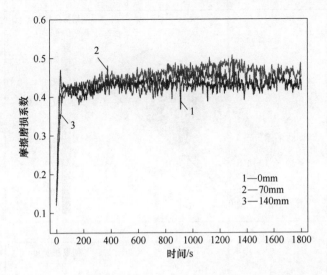

图 4.35 不同横浇道长度下 CuSn10P1 合金半固态挤压铸件的摩擦磨损系数

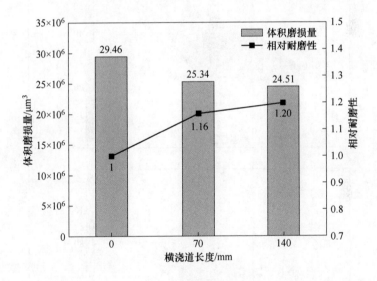

图 4.36 不同横浇道长度下 CuSn10P1 合金半固态挤压铸件体积磨损量和相对耐磨性

不同横浇道长度下 CuSn10P1 合金半固态成形件摩擦性能测试结束后摩擦痕迹三维形貌如图 4.37 所示,增加横浇道后,合金材料体系划痕的最大深度由无横浇道时的 40.6μm 降低到 38.8μm 和 39.1μm,划痕的最大深度呈先降低后升高的趋势,其中横浇道长度为 70mm 和 140mm 时的最大划痕深度基本一致。这说明增加横浇道可以增加 CuSn10P1 合金半固态成形件的抗摩擦磨损性能,与图 4.36 所示的体积磨损量结果一致。

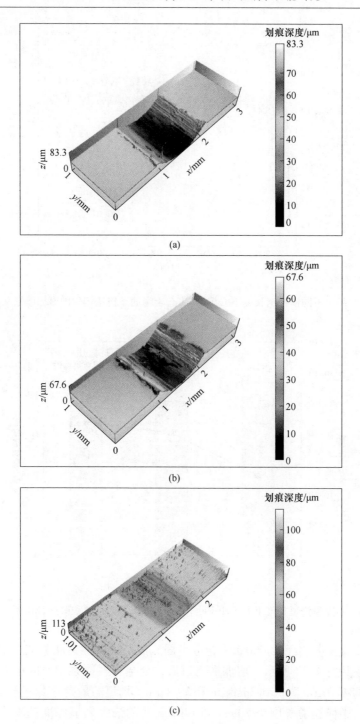

图 4.37 不同横浇道长度下 CuSn10P1 合金半固态挤压铸件表面磨痕的三维形貌

(a) 0mm; (b) 70mm; (c) 140mm

不同横浇道长度下 CuSn10P1 合金半固态挤压铸件的摩擦磨损微观形貌如图 4.38 所示。根据上文可知，CuSn10P1 合金铸件的摩擦磨损方式主要以黏着磨损和氧化磨损为主。无横浇道时，成形件的摩擦形貌分布着很多数量深浅不一的犁沟，摩擦表面上除了分布着犁沟外，还存在一些凹坑。摩擦时对偶件微凸体对摩擦表面的犁削作用会使摩擦面出现犁沟，摩擦表面的凹坑可能是团簇聚集的显微组织在摩擦过程中脱落造成的。增加横浇道且随着浇道长度的增加，犁沟数量减少并且磨损表面的凹坑消失。横浇道长度为 70mm 和 140mm 的铸件显微组织均匀性优于无横浇道的铸件，摩擦时液相聚集产生的硬质颗粒会黏附到摩擦副表面对基体产生犁削作用，组织均匀性提升会减小犁削的强度，而且无横浇道时的铸件缩松缩孔等缺陷较多，摩擦过程中黏附在对偶件表面的磨屑容易在缺陷处产生较深的犁沟导致耐磨性降低。从图中还可以看出，CuSn10P1 合金半固态挤压铸件与摩擦副摩擦产生的磨屑表现出不同的微观形貌，增加横浇道后的铸件磨屑尺寸逐渐减小。无横浇道时的铸件在摩擦过程中产生的磨屑形貌表现出典型的塑性碾压剥落特征，横浇道长度增加，不同参数成形件摩擦过程中产生的磨屑逐渐由片层状向颗粒状转变，黏着磨损程度降低，铸件耐磨性增强。

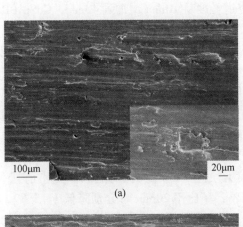

(a)

(b)

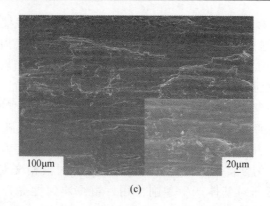

(c)

图 4.38　不同横浇道长度下 CuSn10P1 合金半固态挤压铸件的摩擦磨损微观形貌

(a) 0mm；(b) 70mm；(c) 140mm

4.3.3　内浇道长度对流变挤压铸件性能的影响

4.3.3.1　不同内浇道长度下流变挤压铸件的拉伸性能

不同内浇道长度下 CuSn10P1 合金半固态挤压铸件的抗拉强度和伸长率如图 4.39 所示。随着内浇道长度从 10mm 增加到 40mm，CuSn10P1 合金半固态挤压铸件的抗拉强度和伸长率呈先增加后降低的趋势，内浇道长度为 20mm 时性能最佳。当内浇道长度从 10mm 增加到 20mm 时，铸件充型末半段和前半段的抗拉强度分别从 365.2MPa 和 378.5MPa 增加至 396.4MPa 和 419.2MPa，分别提升了 8.5% 和 10.8%；伸长率分别从 8.52% 和 8.48% 提升至 12.78% 和 13.33%，分别提升了 50.0% 和 57.2%。内浇道长度增加至 30mm 时，充型末段和前段的抗拉强度分别为 358.3MPa 和 396.7MPa，相比于 20mm 时分别降低了 10.6% 和 5.4%；伸长率分别为 8.89% 和 11.67%，相比于 20mm 时分别降低 43.8% 和 12.5%。内浇道长度增加至 40mm 时，充型末段和前段的抗拉强度分别为 352.1MPa 和 384.0MPa，相比于 20mm 时分别降低 11.2% 和 8.4%；伸长率分别为 7.50% 和 8.78%，相比于 20mm 时分别降低 41.3% 和 34.1%。

由图 4.18 可知，不同内浇道长度下的成形件初生 α-Cu 晶粒平均直径差别不大，基本上可以排除细晶强化对其拉伸性能影响。内浇道长度增加，CuSn10P1 合金半固态浆料在内浇道内的流动距离和时间也随之增加，内浇道型腔壁对半固态浆料激冷作用时间延长使熔体的温度降低，半固态浆料在充型时平稳流动，使浆料卷气的概率降低，有利于提高铸件的致密性进而提升铸件的性能。当内浇道长度为 20mm，固液两相组织在成形件充型的不同位置分布相对均匀，减少了晶间组织聚集对基体的割裂作用，同时降低应力集中，使铸件的强度较高，塑性较好。内浇道过长（大于 20mm）使半固态浆料温度下降较多，熔体黏度随之增

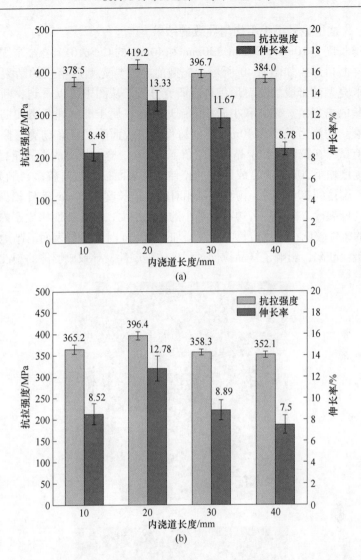

图4.39 不同内浇道长度下 CuSn10P1 合金半固态挤压铸件抗拉强度与伸长率
(a) 充型前半段；(b) 充型后半段

大，流动性降低，固液两相协同流动性降低，充型时半固态浆料内的液相就会带动部分固相优先充型，形成铸件末段固相少而前段固相多的现象，导致了铸件力学性能的差异。从图中还可以看出，不同内浇道长度下，铸件的抗拉强度和伸长率都存在充型前半段高于充型后半段的现象。当内浇道长度低于30mm时，铸件充型前段和末段的抗拉强度和塑性差值都在6%以内，表明内浇道长度在一定范围内时，铸件整体性能相对比较均匀，这归功于显微组织的均匀性。而内浇道长度达到30mm并继续增加时，铸件充型前半段和后半段的抗拉强度差值较大，达到9%以上，这是显微组织不均匀导致的结果。

内浇道长度为10mm、20mm、30mm和40mm的CuSn10P1合金半固态挤压铸件拉伸试样断口形貌如图4.40所示，充型前半段与充型后半段的断裂形式基本一致，故取充型前半段的断口形貌进行研究分析。从图中可以看到，断口处都存在一定数量的撕裂棱、韧窝和小面积的解理平台，属于准解理断裂和韧性断裂的混合型断裂。内浇道长度为10mm时的铸件断口表面除了存在韧窝、撕裂棱和小平面，还有试样在拉伸过程中晶粒脱落留下的凹坑，这是明显的沿晶断裂痕迹；当内浇道长度增加至20mm时，成形件的拉伸断裂表面韧窝数量较多，撕裂棱明显；当内浇道长度达到30mm时，韧窝数量相对内浇道长度为20mm铸件较少，但是分布着大量的撕裂棱，撕裂棱旁边有着细小的光滑平面，因此塑性相比于内浇道长度为20mm的铸件较低；内浇道长度继续增加到40mm时，断裂表面清晰地呈现出一定数量的裂纹缺陷，影响了样品拉伸过程中的延展性，导致成形件的塑性较低。

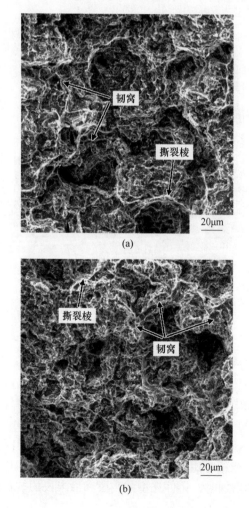

(a)

(b)

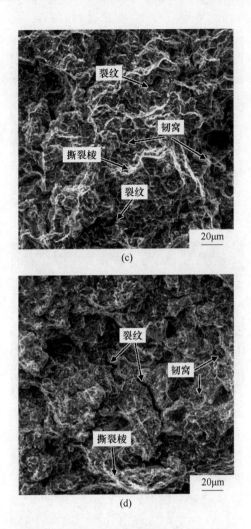

图4.40　不同内浇道长度下 CuSn10P1 合金半固态挤压铸件断口扫描图像
(a) 10mm；(b) 20mm；(c) 30mm；(d) 40mm

4.3.3.2　不同内浇道长度下流变挤压铸件的硬度分析

对不同内浇道长度下流变挤压铸件的初生 α-Cu 相、晶间组织和高锡层处进行显微硬度测试，图4.41 为 CuSn10P1 合金半固态挤压铸件显微硬度测试位置。改变内浇道长度，初生 α-Cu 相、晶界高锡层处和晶间组织的显微硬度并没有随浇道长度的增加产生明显的变化。

将铸件沿充型方向的不同部位进行布氏硬度检测，每个位置测试 5 次取平均值，内浇道长度为 10mm、20mm、30mm、40mm 时，CuSn10P1 合金半固态挤压

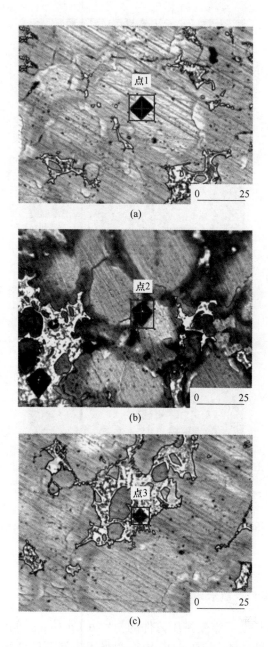

图 4.41   CuSn10P1 合金半固态挤压铸件显微硬度测试位置

铸件布氏硬度值和内浇道长度及充型位置之间的关系如图 4.43 所示。由图 4.43 可知，内浇道长度小于 30mm 时，铸件的平均布氏硬度值沿充型方向上波动很小，并且内浇道长度从 10mm 增加到 20mm 时，铸件的平均布氏硬度也没有明显

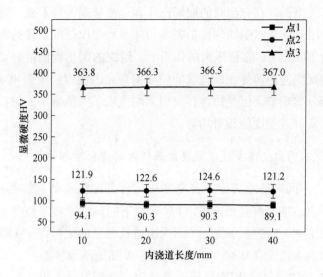

图 4.42 不同内浇道长度下 CuSn10P1 合金半固态挤压铸件的显微硬度值

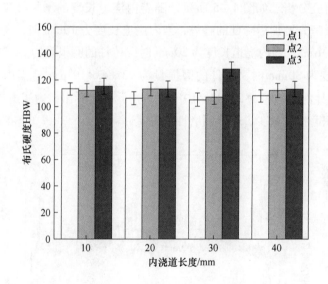

图 4.43 不同内浇道长度下 CuSn10P1 合金半固态挤压铸件的布氏硬度值

的变化。内浇道长度为 30mm 时的铸件充型末端硬度出现了突然增高的现象，成形件的平均布氏硬度 HBW 达到了 128；内浇道长度铸件至 40mm 时，铸件硬度值的变化趋势同内浇道长度为 10mm 和 20mm 成形件一致。铸件的平均布氏硬度值主要受显微组织形态、晶粒尺寸、组织分布及致密度的影响，不同内浇道长度下 CuSn10P1 合金半固态挤压铸件的晶粒尺寸差别不大，故晶粒尺寸不是影响硬度的主要因素。当铸件在充型时的成形比压和充型速率保持不变，致密度不发生较大的变化，因此固液组织均匀性是影响铸件平均布氏硬度差异的根本原因。当内浇道长度为 30mm 时，在挤压力的作用下，组织内部出现固液分离现象，液相在充型末端的聚集使得铸件在该位置的硬度偏高。内浇道长度为 40mm 的铸件虽然也存在固液分离现象，但是铸件在充型末端生成了大量细小的树枝晶，缓解了其塑性变形，所以其硬度值相对均匀。

4.3.3.3 不同内浇道长度下流变挤压铸件的摩擦磨损性能

图 4.44 为不同内浇道长度下流变挤压铸件的摩擦系数同摩擦时长的关系。从图中可以看出，在摩擦开始阶段，4 种参数下的铸件摩擦系数都急剧升高，在摩擦时间达到 1400s 后趋于平稳。不同内浇道长度下的成形件摩擦系数上下波动很小，最后都基本稳定在 0.45 左右。因此，单纯地从摩擦系数上研究不同内浇道长度下 CuSn10P1 合金半固态挤压铸件的耐磨性明显还不够，为此对不同参数成形件的体积磨损量和以内浇道长度为 10mm 时的铸件磨损量作为标准的相对耐磨性进行了研究分析。如图 4.45 所示，随着内浇道长度的增加，流变挤压铸件的体积磨损量呈先增加后降低的趋势，当内浇道长度为 10mm 时，铸件的磨损量为 $25.33 \times 10^{6} \mu m^{3}$；当内浇道长度为 20mm 时，铸件的磨损量为 $34.19 \times 10^{6} \mu m^{3}$；当内浇道长度为 30mm 时，铸件的磨损量为 $23.84 \times 10^{6} \mu m^{3}$；当内浇道长度为 40mm 时，铸件的磨损量为 $26.30 \times 10^{6} \mu m^{3}$，由此可以看出，内浇道长度为 30mm 时的铸件体积磨损量最少，相对耐磨性最高。

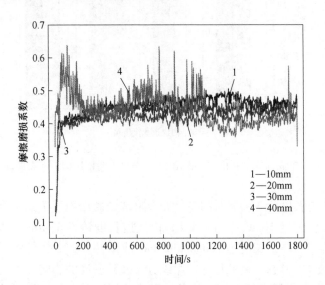

图 4.44 不同内浇道长度下 CuSn10P1 合金半固态挤压铸件摩擦磨损系数

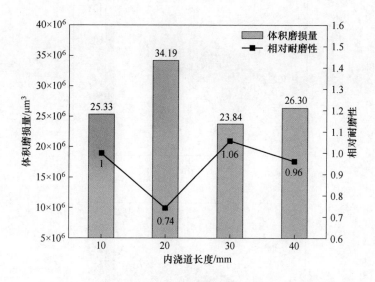

图 4.45 不同内浇道长度下 CuSn10P1 合金半固态挤压铸件的
体积磨损量和相对耐磨性

不同内浇道长度下 CuSn10P1 合金半固态成形件摩擦性能测试结束后摩擦痕迹三维形貌如图 4.46 所示。内浇道长度为 10mm 时的最大划痕深度为 38.8μm，内浇道长度为 20mm 时的最大划痕深度为 45.5μm，内浇道长度为 30mm 时的最大划痕深度为 37.0μm，内浇道长度为 40mm 时的最大划痕深度为 38.9μm。结果表明，内浇道长度增加，合金材料体系的划痕最大深度先增加后降低然后再增加，内浇道长度为 20mm 时，铸件的最大划痕深度最深，其抗摩擦磨损性能较低，这与图 4.45 所示的体积磨损量结果一致。

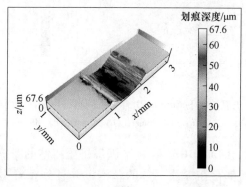

(a)

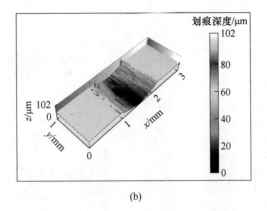

(b)

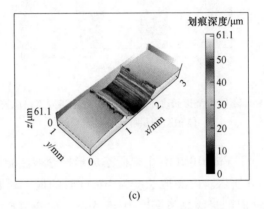

(c)

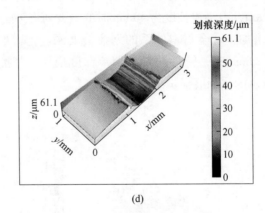

(d)

图 4.46　不同横浇道长度下 CuSn10P1 合金半固态挤压铸件表面磨痕的三维形貌

(a) 0mm；(b) 20mm；(c) 30mm；(d) 40mm

不同内浇道长度下 CuSn10P1 合金半固态挤压铸件的摩擦磨损微观形貌如图 4.47 所示，摩擦表面都存在深浅不一的犁沟，并且分布着不同数量的磨屑。内浇道长度从 10mm 增加为 20mm 时，铸件表面存在比较深的犁沟，并且有明显的剥落现象，磨屑颗粒较大；内浇道长度继续增加，这种现象得到了明显的改善。综合不同参数铸件的体积磨损量和表面磨痕的微观形貌来看，内浇道长度为20mm时，铸件出现了耐磨性突然变差的情况，可能是因为实验过程中摩擦副粘上了之前试验的硬质颗粒，滑动过程中镶嵌进入软基体中推挤基体加强了表面的犁削作用。而当磨屑较大时，金属屑起到磨料的作用，使磨损方式由黏着磨损向磨料磨损转变，磨损表面出现较深的犁沟和撕脱。

(a)

(b)

(c)

(d)

图 4.47 不同内浇道长度下 CuSn10P1 合金半固态挤压铸件的摩擦磨损微观形貌

(a) 0mm；(b) 20mm；(c) 30mm；(d) 40mm

参 考 文 献

[1] 姜月明. 某复杂铝合金铸件低压铸造数值模拟及工艺优化研究 [D]. 贵阳：贵州大学，2018.

[2] 张鹏. 基于砂型 3D 打印技术的铸造工艺设计方法研究 [D]. 南京：东南大学，2019.

[3] VALLOTON J, WAGNIÈRE J D, RAPPAZ M. Competition of the primary and peritectic phases in hypoperitectic Cu-Sn alloys solidified at low speed in a diffusive regime [J]. Acta Materialia, 2012, 60(9)：3840-3848.

[4] PANG S, WU G, LIU W, et al. Effect of cooling rate on the microstructure and mechanical properties of sand-casting Mg- 10Gd- 3Y- 0. 5Zr magnesium alloy [J]. Materials Science and Engineering：A, 2013, 562：152-160.

[5] LI Y, LI L, GENG B, et al. Microstructure characteristics and strengthening mechanism of semisolid CuSn10P1 alloys [J]. Materials Characterization, 2021, 172：110898.

[6] WANG Q, ZHOU R, LI Y, et al. Characteristics of dynamic recrystallization in semi-solid CuSn10P1 alloy during hot deformation [J]. Materials Characterization, 2020, 159：109996.

[7] ZHU T, CHEN Z W, GAO W. Effect of cooling conditions during casting on fraction of β-Mg17Al12 in Mg-9Al-1Zn cast alloy [J]. Journal of Alloys and Compounds, 2010, 501(2)：291-296.

[8] BAHETI V A, KASHYAP S, KUMAR P, et al. Solid-state diffusion-controlled growth of the intermediate phases from room temperature to an elevated temperature in the Cu-Sn and the Ni-Sn systems [J]. Journal of Alloys and Compounds, 2017, 727：832-840.

[9] YUAN Y, GUAN Y, LI D, et al. Investigation of diffusion behavior in Cu-Sn solid state diffusion couples [J]. Journal of Alloys and Compounds, 2016, 661：282-293.

[10] GUO E, WANG L, FENG Y, et al. Effect of cooling rate on the microstructure and solidification parameters of Mg-3Al-3Nd alloy [J]. Journal of Thermal Analysis and Calorimetry, 2019, 135(4)：2001-2008.

[11] EASTON M A, STJOHN D H. Improved prediction of the grain size of aluminum alloys that includes the effect of cooling rate [J]. Materials Science and Engineering：A, 2008, 486 (1/2)：8-13.

[12] 周玉, 武高辉. 材料分析测试技术 [M]. 哈尔滨：哈尔滨工业大学出版社, 1998.

[13] 田文彤, 杨辉, 曹霞, 等. 冷却速率对 A356 铝合金半固态浆料凝固组织的影响 [J]. 铸造技术, 2015, 36(7)：1796-1798.

[14] YANG Y, TAN P, SUI Y, et al. Influence of Zr content on microstructure and mechanical properties of as-cast Al-Zn-Mg-Cu alloy [J]. Journal of Alloys and Compounds, 2021：158920.

[15] KUDASHOV D V, BAUM H, MARTIN U, et al. Microstructure and room temperature hardening of ultra-fine-grained oxide-dispersion strengthened copper prepared by cryomilling [J]. Materials Science and Engineering：A, 2004, 387/389：768-771.

[16] 魏悦. 不同载荷与转速下铜合金滑动轴承材料的摩擦磨损特性研究 [D]. 太原：中北大学, 2021.

[17] 常宝林, 于增光, 王睿杰, 等. 原位生成 MoB 增强 Cu-Sn-Al 合金复合材料的摩擦学性能研究 [J]. 摩擦学学报, 2022, 42(6)：11.

[18] 王振廷, 孟君晟. 摩擦磨损与耐磨材料 [M]. 哈尔滨：哈尔滨工业大学出版社, 2013.

[19] 湛永钟, 张国定. SiC_p/Cu 复合材料摩擦磨损行为研究 [J]. 摩擦学学报, 2003(6)：495-499.

[20] SHAIK M A, GOLLA B R. Development of highly wear resistant Cu-Al alloys processed via powder metallurgy [J]. Tribology international, 2019, 136：127-139.

[21] 徐慧燕, 黎振华, 滕宝仁, 等. 空间结构增强铜基复合材料的摩擦磨损特征 [J]. 摩擦学学报, 2019, 39(5)：611-618.

[22] 吴辉, 郭彪, 李强, 等. Cr_2AlC 含量对铜基复合材料摩擦磨损性能的影响 [J]. 粉末冶金技术, 2019, 37(3)：184-190.

5 CuSn10P1 合金轴套流变挤压成形及固溶处理

流变挤压铸造工艺采用含有一定比例固相颗粒的半固态浆料进行成形，有效抑制凝固过程中枝晶形成，使挤压铸造件显微组织形貌呈等轴状或近球状，达到细晶强化的目的。半固态浆料中因含有一定比例固相颗粒，增加了半固态浆料的黏度，而其流动性与液态合金相当，故充型平稳、无湍流和喷溅现象，有利于排出模具型腔内的气体，减少挤压铸件的卷气量，提高铸件的密实度和性能。半固态浆料的温度在固液区间与液态挤压铸造相比，流变挤压铸件凝固时间短、生产效率高、凝固收缩小、气孔率低，对模具的热冲击小，可提高模具的使用寿命，改善常规铸造凝固过程中因压力不足引起补缩困难而形成的缩孔缩松等缺陷。但产品性能受半固态浆料质量、挤压铸造工艺和固溶处理工艺的共同影响，研究挤压铸造工艺与固溶处理对挤压铸件显微组织、性能等的影响，有利于促进半固态挤压铸造工艺在工业上的应用。

本章在熔体约束流动诱导形核通道制备半固态 CuSn10P1 合金半固态浆料及类等温工艺的基础上，以高铁用轴套为研究对象，采用底注式挤压机成形一腔四模轴套零件，如图 5.1 所示。探讨成形比压和成形速率等工艺参数对流变挤压轴套零件的显微组织和力学性能的影响；研究固溶时间和固溶温度对 CuSn10P1 合金轴套显微组织、锡元素分布和力学性能的影响，为高熔点铜合金的半固态流变挤压铸造成形技术提供一定的参考。

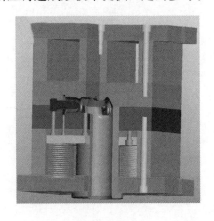
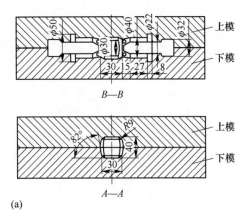

(a)

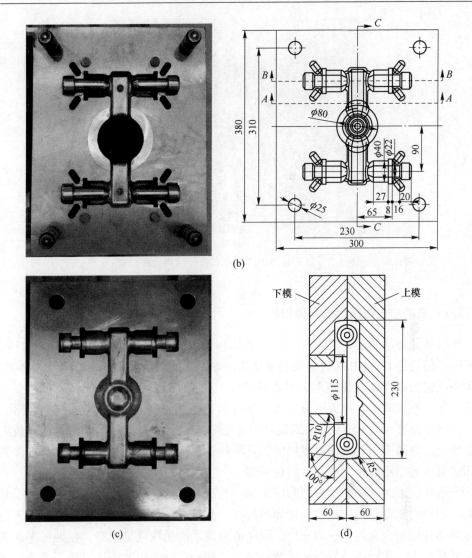

图 5.1　轴套零件

(a) 模具三维装配图；(b) 模具凹模；(c) 模具凸模；(d) 模具具体尺寸

5.1　熔体处理工艺对 CuSn10P1 合金轴套显微组织的影响

　　轴套显微组织拉伸试样的取样位置如图 5.2 所示。轴套零件充型保压取件后空冷到室温，沿分型面把零件刨开，按图示位置观察 3 行 3 列共 9 个点的显微组织。

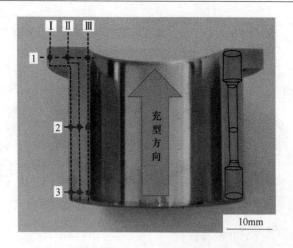

图 5.2　　轴套显微组织观察和拉伸试样取样位置

5.1.1　液态挤压铸造轴套显微组织

　　熔体处理起始温度为 1050℃、成形比压为 100MPa、充型速率为 21mm/s 时，液态挤压铸造 CuSn10P1 合金轴套显微组织如图 5.3 所示。初生 α-Cu 相形貌为粗大条状树枝晶或网状树枝晶，且在零件不同部位的显微组织形貌和分布存在差异，零件性能降低。原因可能是传统挤压铸造采用具有一定过热度的金属熔体，当液态金属在预热 450℃ 的金属模具中充型时，金属模与液态熔体之间存在较大温度差，导致产生较大的温度梯度，且零件各部位凝固顺序不同，在合金熔体凝固过程中容易形成粗大或网状的树枝晶。

　　零件成形时不同部位充型顺序不同，充型前端的合金熔体在充型过程中受到模具型腔的激冷作用而产生大量异质形核，晶核在合金熔体的冲刷作用下进入合金熔体并随着合金熔体一起充型，致使流动前端的晶核数量较多。在轴套零件的显微组织中，流动前端的树枝晶数量少，二次枝晶臂间距缩小且出现了部分等轴晶，这是晶核数量增殖致使晶粒长大过程中相互抑制的结果，而零件的中部和底部（见图 5.3 中的第 2、3 行）初生 α-Cu 相为粗大条状或网状的树枝晶。

　　由图 5.1 和图 5.2 可知，Ⅰ 列靠近模具型腔，Ⅲ 列靠近型芯，对比 Ⅰ、Ⅱ、Ⅲ 列的显微组织可知，Ⅲ 列的显微组织最为细小，等轴晶也最多，Ⅰ 列次之，Ⅱ 列的显微组织最为粗大，基本全是树枝晶。模具预热温度为 450℃，型芯放入时未预热，型芯的温度主要通过模具热量传递维持，故型芯的温度比模具温度低，合金熔体与型芯温差大，在两者接触时，合金熔体受到的激冷作用最强，有利于晶核形成和组织细化，型芯处显微组织最为细小。合金熔体与模具型腔接触时也会受到激冷，但两者温差小，激冷作用比合金熔体接触型芯时弱，在一定程度上

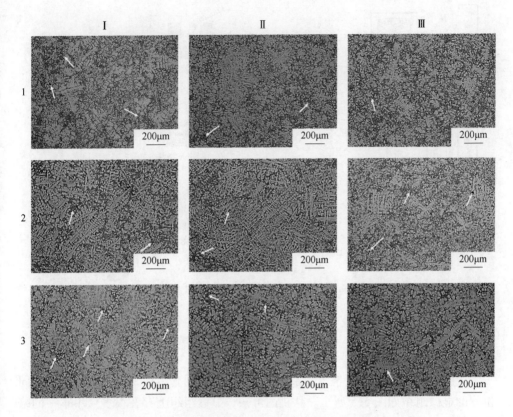

图 5.3　液态挤压铸造 CuSn10P1 合金轴套显微组织

细化晶粒，但细化的程度相对较弱。Ⅱ列位于零件中心，温度降低速度慢，是零件最后凝固部分，形成的晶核受温度梯度和浓度梯度的影响，最易长成粗大树枝晶。

　　缩孔缩松是 CuSn10P1 合金在铸造过程中常见的缺陷，主要分布在晶间组织和初生 α-Cu 相晶界处[1]。液态挤压铸造过程中，零件在一定压力下凝固，有利于液相的补缩，可以改善零件中的缩孔缩松缺陷，但并不能完全消除缩孔缩松缺陷，如图 5.3 中白色箭头所示。

5.1.2　未施加类等温的流变挤压铸造轴套显微组织

　　未施加类等温的流变挤压铸造是把半固态浆料设备与模具直接衔接，将熔体处理起始温度为 1080℃、冷却通道长度为 300mm、冷却通道角度为 45°制浆工艺制备的半固态浆料直接流入模具料筒内部，然后进行挤压铸造，工艺流程如图 5.4 所示。

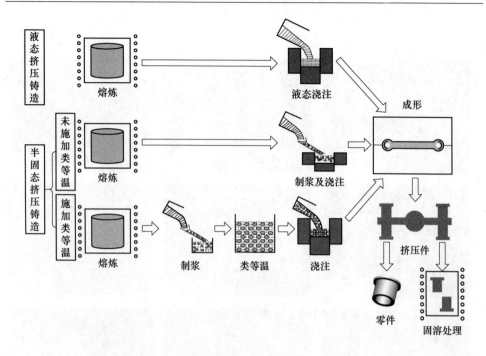

图 5.4　挤压铸造 CuSn10P1 合金轴套成形流程图

未施加类等温的流变挤压铸造 CuSn10P1 合金轴套零件显微组织拼图和不同位置的显微组织如图 5.5 所示。从拼图可知，显微组织上存在很多大小不一的暗黑色圆斑（见图 5.5(a)中白色箭头），虚线内的圆斑放大图如图 5.5(b)所示，圆斑内部都是树枝晶组织，表明该区域的组织是由液相直接形核长大得到。制备完成的半固态浆料直接进入模具内成形，此时半固态浆料的温度场和浓度场非常紊乱不均匀，内部液相的团聚及晶核的团聚现象非常严重，而半固态浆料在模具内充型后快速凝固，半固态浆料内部的温度场和浓度场未能进行均匀化。另外，晶核团聚的地方温度相对较低，而液相聚集的地方温度相对较高，在液相聚集的地方形核后，晶核在温度场、浓度场等作用下开始向周围有晶核聚集的地方快速生长成枝晶结构。当枝晶结构生长达到该小团簇边界时，生长受到周围其他团簇的阻碍而停止，与周围晶粒之间存在明显的分界线。根据能量最小原理，液相团簇趋向以球形或近球形存在，在切面上则是圆形或近圆形。

液相流动阻力比固相颗粒运动阻力小，在液固相均匀分布的低固相率半固态浆料中，固相颗粒可以随着液相的流动而运动，实现固液协同流动。当固相颗粒在液相中分布不均匀且液相中还存在液固相团簇时，在等静压力下，液相的流动速度快于固相颗粒的运动速度，造成固液偏聚现象。流动前沿液相偏多，液相团簇现象会加重，流动过程中团簇通过相互吞并而长大，致使沿着半固态熔体充型

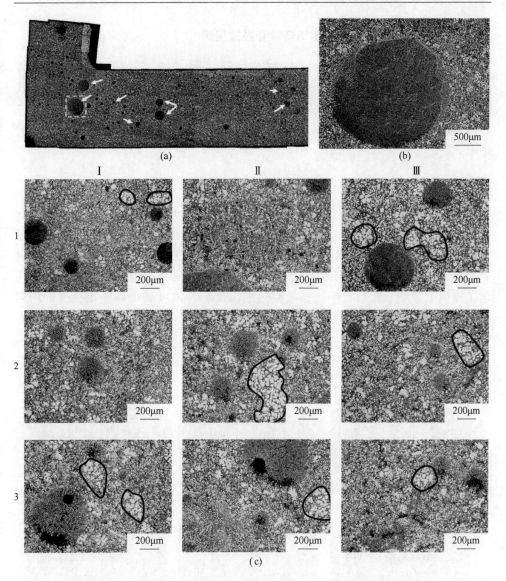

图 5.5 未施加类等温的挤压铸造 CuSn10P1 合金轴套显微组织

方向的液态团簇形核长成的暗黑色圆斑不断增大（见图 5.5(a)）。熔体约束流动诱导形核通道内形成的晶核来不及在熔体内充分扩散而被动充型，团聚的固相颗粒充型速度比液相慢，充型前端液相多，而后面固相颗粒团聚现象严重，导致沿半固态熔体充型方向固相颗粒逐渐减少（见图 5.5(c)中黑圈）。

充型时液固两相分离使流动前沿液相较多，固相颗粒滞后，在等静压下合金熔体凝固过程中，流动前沿凝固时体积收缩形成的缩孔缩松等缺陷很难得到液相的补缩，在最终凝固成形的零件内部分布大量缩孔、缩松等缺陷（见图 5.5(c)）。

5.1.3　施加类等温后流变挤压铸造轴套显微组织

类等温使半固态浆料内温度场和浓度场趋向于均匀化，显微组织择优生长方向受到抑制，向熔体内部各个方向生长的概率一致，全部转变成等轴晶或近球状晶，并且有利于改善锡元素在晶间的偏析现象。本节采用半固态浆料类等温工艺对熔体进行挤压铸造，研究成形比压和充型速率对流变挤压轴套显微组织的影响。

5.1.3.1　成形比压对流变挤压铸造轴套显微组织的影响

充型速率为 21mm/s 时，不同成形比压下 CuSn10P1 合金流变挤压铸造轴套显微组织如图 5.6 所示。在不同成形比压下，轴套各位置的显微组织没有出现液态挤压铸造的粗大树枝晶组织和未施加类等温流变挤压铸造的严重团聚及固液分离现象，各部位的显微组织以蠕虫状、等轴状和近球状晶为主，固液分布相对均匀。施加类等温工艺后，半固态浆料内的温度场和浓度场得到一定程度的均匀化，悬浮在液相中的固相颗粒在温度场和浓度场的驱动下，通过游离均匀地分布在液相内。充型速率足够时，液相流动带动固相颗粒一起充型，具备良好的固液协同流动性，使挤压成形轴套各部位显微组织具有良好的一致性[2]。

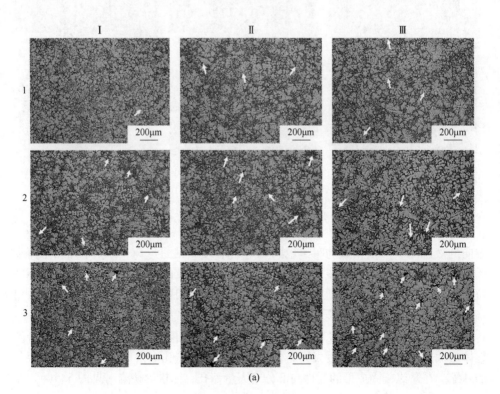

(a)

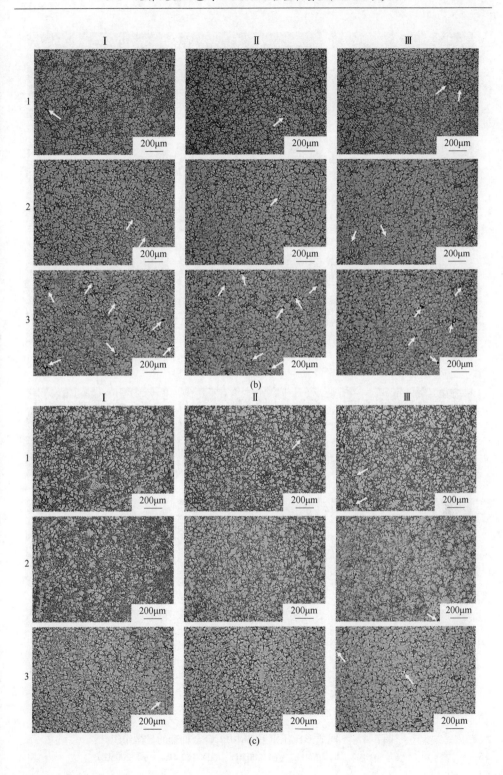

(b)

(c)

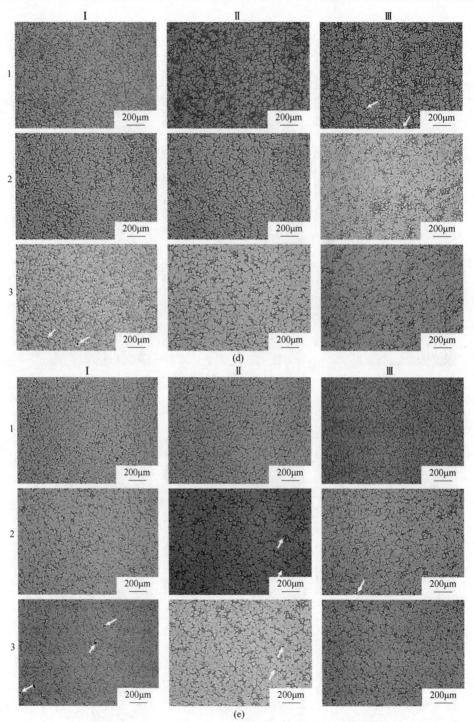

图 5.6　不同成形比压下 CuSn10P1 合金轴套的显微组织
（a）50MPa；（b）75MPa；（c）100MPa；（d）150MPa；（e）200MPa

成形比压一定时，轴套径向上显微组织的形貌和初生 α-Cu 相的分布基本一致，而充型方向的显微组织存在一定差异，随着成形比压的增加，充型方向的组织差异逐渐缩小。当成形比压为 50MPa 时，沿充型方向的固相率逐渐降低（见图 5.6(a)）；成形比压提高到 75MPa 时，差异得到明显的改善，充型前端的固相率虽然还是略低，但轴套中部（Ⅱ列）与底部（Ⅲ列）的固相率基本一致（见图 5.6(b)）；当成形比压进一步提高到 100MPa、150MPa 和 200MPa 时，充型方向的固相率基本达到一致（见图 5.6(c)～(e)）。

成形比压增加有利于提高显微组织的均匀性，但成形比压达到一定值后，成形比压增加对显微组织均匀性的影响可以忽略[3]。半固态金属浆料从下往上充型，当成形比压不足时，压力对挤压头处的金属熔体作用强，而对充型前端金属熔体作用减弱，不利于金属熔体内部形核和晶粒的细化，造成充型前端固相率偏低（见图 5.6(a)(b)）。当成形比压达到一定值后，充型前端金属熔体受到的压强与挤压头处金属熔体受到的压强基本一致，零件整体凝固后，内部显微组织具有良好的均匀性（见图 5.6(c)～(e)）。

成形比压不仅影响轴套内部显微组织的均匀性，还直接影响显微组织的尺寸和形貌，随着成形比压的增加，轴套内部各处的晶粒逐渐细化。成形比压的增加可以提高合金熔体的液相线，进而提高合金熔体的过冷度，增加熔体内部的形核概率，达到细化晶粒的作用[4]。

一定压力下的临界形核半径公式如下：

$$r_c = \frac{2\sigma_{ls} T_m}{L_m \Delta T + K\varepsilon T_m p} \tag{5.1}$$

式中 r_c——临界形核半径，μm；

σ_{ls}——液固界面张力；

T_m——压力作用下金属熔体的凝固温度，K，$T_m = T_0 + \Delta T_m$；

ΔT——压力作用下金属熔体实际过冷度，K，$\Delta T = \Delta T_0 + \Delta T_m$；

L_m——压力作用下金属熔体的结晶潜热，J/mol；

K——换算系数，$J/(mol \cdot m^3)$；

ε——收缩率，%；

p——压力，MPa。

对比式（2.14）和式（5.1）可知，成形比压越大，压力下形成晶核所需的临界形核半径越小，越容易在合金熔体内形成更多的晶粒核心，形成的晶核在生长时受到周围晶核的竞争和阻碍，向各个方向生长的速率基本一致，从而形成细小的等轴晶或球状晶。达到临界形核半径的晶核不一定都能长大成晶粒，当温度恒定时，合金熔体内部的形核率与压力的关系[5-6]为：

$$N = ae^{-b/(d+p)^2} \cdot e^{-cp} \tag{5.2}$$

式中　　　N——形核率；

a, b, c, d——常数。

当温度恒定时，成形比压一方面降低晶核形成的形核功，使受形核功影响的概率因子（$e^{-b/(d+p)^2}$）增大，另一方面又增加原子扩散的激活能，从而使受原子扩散影响的概率因子（e^{-cp}）降低。因此，随着成形比压的增加，晶核的形核率先增加，达到最大值后，形核率随着成形比压的增加而降低。从图5.6可以发现，当成形比压为100MPa时，充满型腔的半固态浆料形核率最高，在浆料内形成大量新的固相晶粒并长大，减缓初生 α-Cu 相的熟化过程，此时晶粒最为细小。当成形比压为50MPa时，成形比压较小，形核半径大、形核率低、晶粒的平均直径较大；当成形比压为75MPa时，形核半径减小和形核率提高，晶粒的平均直径得到明显的细化，但较成形比压为100MPa时略为粗大；当成形比压达到150MPa和200MPa时，虽然形核半径进一步降低，但形核率也逐渐降低，形成的晶核有条件进行长大和熟化，晶粒的平均直径逐渐增加。

成形比压增加会使合金熔体与模具型腔接触更加紧密，增强合金熔体与模具之间的换热系数，增加合金熔体的过冷度，有利于晶粒的细化。另外，成形比压的增加还可以增强气体在合金熔体内的固溶度和内部显微组织的致密度，在凝固时收缩率小和补缩能力强，可以降低缩孔缩松等缺陷的形成。当成形比压为50MPa时，轴套内部的缩孔缩松多且尺寸较大；成形比压提高到75MPa时，缩孔缩松的数量减少且尺寸明显减小，较大的缩孔基本消失；成形比压提高到100MPa及以上时，大尺寸的缩孔全部消失，只有少量的缩孔缩松存在。

轴套内缩孔缩松缺陷主要存在于第3行和第Ⅲ列中。半固态浆料充满型腔后，与模具接触的半固态浆料热量散失快，最先凝固，形成的缩松缩孔等缺陷得到很好补缩，缺陷少。第3行的半固态浆料与横浇道相连，第Ⅲ列与型芯接触，热量散失最慢，第3行和第Ⅲ列凝固速度慢，最后进行凝固，形成的缩孔缩松很难得到补缩而形成缺陷。当成形比压小时，补缩能力差，形成大量的缩孔缩松缺陷，而成形比压提高到100MPa后，压力增大使补缩能力增强，缩孔缩松缺陷基本消失。

5.1.3.2　充型速率对流变挤压铸造轴套显微组织的影响

充型速率直接影响半固态浆料充满型腔所用的时间，从而影响半固态浆料的凝固时间；也直接影响在充型过程中固液两相的协同流动性，从而影响轴套内部各位置显微组织的均匀性。

成形比压为100MPa时，不同充型速率下挤压成形 CuSn10P1 合金轴套零件各部位显微组织如图5.7所示，充型速率对轴套各部位显微组织分布的均匀性有很大影响。

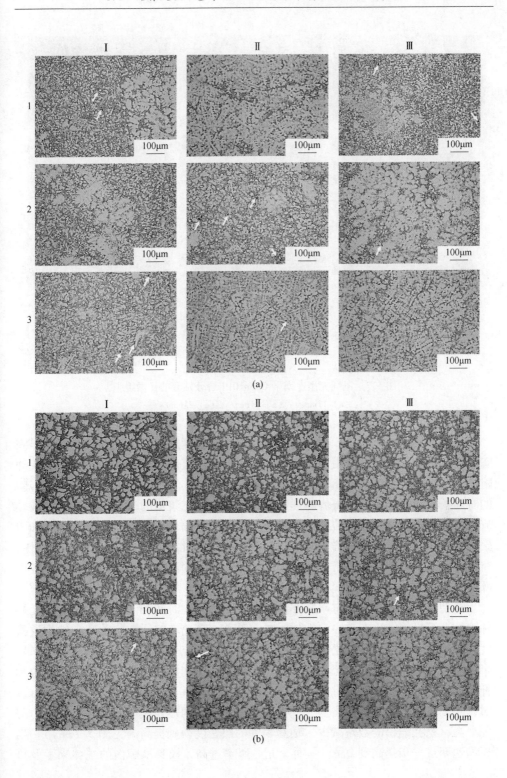

(a)

(b)

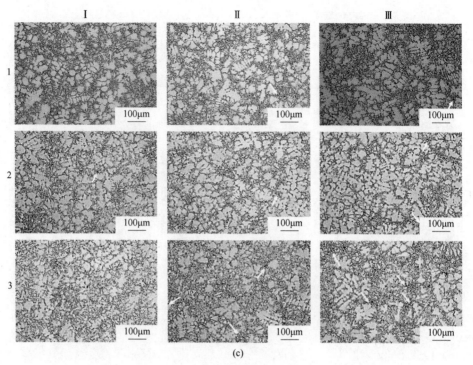

图 5.7　不同充型速率下 CuSn10P1 合金轴套的显微组织

(a) 17mm/s；(b) 21mm/s；(c) 25mm/s

　　半固态浆料在充型过程中，熔体温度与模具温度之间存在较大温度差，半固态浆料在接触模具型腔的瞬间会在型腔表面形成一层薄的凝固壳，使液相的流动阻力小于固相颗粒的运动阻力。当充型速率为 17mm/s 时，半固态浆料充满型腔的时间长，在模具型腔内壁容易形成凝固壳使半固态浆料的流动阻力增大，液相流动速度快于固相颗粒的流动速度导致凝固组织中出现严重的固液分离现象和团聚现象（见图 5.7(a)）。充型速率提高到 21mm/s 和 25mm/s 时，充型速率加快，充型时间缩短，液相流动带动固相颗粒协同充型，固液协同流动性好，轴套各个部位显微组织分布均匀（见图 5.7(b)(c)）。

　　充型速率影响着半固态浆料在模具型腔内的凝固时间和流动方式，对轴套零件内缩孔缩松等缺陷有着决定性的影响。随着充型速率的增加，轴套零件的致密度先增加后降低，缩孔缩松等缺陷先减少后增加。充型速率较低（17mm/s）时，半固态浆料在模具型腔内流动速度慢，受模具激冷作用时间长，导致充型能力和补缩能力差[5]，细小的缩孔缩松较多（图 5.7(a)）。当充型速率提高到 21mm/s 时，半固态浆料的流动性增强，受模具激冷作用时间短，充型能力和补缩能力得到提高，缩孔缩松的数量减少，轴套零件的致密度得到提高（见图 5.7(b)）。当充型速率进一步提高到 25mm/s 时，充型速率过高，模具型腔内的气体来不及排出，容易卷入充型的半固态浆料中，增加缩孔缩松的数量，使轴套零件的致密度降低（见图5.7(c)）。

5.2 工艺参数对施加类等温流变成形轴套力学性能的影响

5.2.1 成形比压对施加类等温流变挤压铸造轴套性能的影响

成形比压影响 CuSn10P1 合金轴套显微组织的均匀性、初生 α-Cu 相的尺寸及成形轴套零件的致密度，从而影响轴套零件的拉伸、硬度和摩擦磨损等性能，只有选择合适的成形比压，才能获得具有优异性能的轴套零件。

5.2.1.1 成形比压对 CuSn10P1 合金轴套拉伸性能的影响

充型速率为 21mm/s，不同成形比压下 CuSn10P1 合金半固态流变挤压铸造轴套的抗拉强度和伸长率如图 5.8 所示。充型速率恒定时，随着成形比压的增加，抗拉强度呈先增加后降低，而伸长率却是逐渐增加的趋势。成形比压从 50MPa 增加到 100MPa 时，抗拉强度从 353.2MPa 增加到 417MPa，伸长率从 6.4% 增加到 12.6%，分别提高 18.1% 和 96.9%。当成形比压从 100MPa 增加到 200MPa 时，抗拉强度从 417MPa 降低到 374.1MPa，伸长率从 12.6% 增加到 20.6%，抗拉强度降低 10.3%，而延伸率提高 64%。

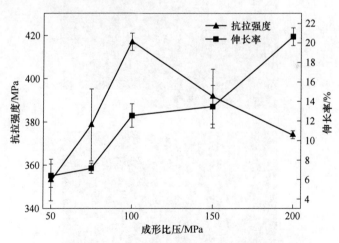

图 5.8　不同成形比压下 CuSn10P1 合金轴套抗拉强度和伸长率

增加成形比压，可以提高流变挤压铸造轴套零件的致密度，消除缩孔缩松等缺陷，还可以细化晶粒，使晶粒形貌变得圆整。但成形比压超过一定值时，会降低合金熔体的形核率，随着成形比压再增加，晶粒逐渐长大[4-6]。当成形比压从

50MPa 增加到 100MPa 时，轴套内部的缩孔缩松逐渐减少且晶粒也变得细化圆整（见图 5.6(a) ～ (c)）；同时，随着成形比压的增加，初生 α-Cu 相内位错数量增加，位错之间相互攀移、缠结，阻碍晶粒的塑形变形，一定程度上使强度提高。因此，成形比压从 50MPa 增加到 100MPa 时，抗拉强度和伸长率都得到提高。当成形比压从 100MPa 增加到 200MPa 时，轴套的致密度进一步提高，但成形比压为 100MPa 时的缩孔缩松缺陷已经很少，致密度提高程度有限；另外，初生 α-Cu 相随着成形比压增加开始粗化，强度开始降低（见图 5.6(c) ～ (e)）。成形比压从 100MPa 增加到 200MPa 时，抗拉强度开始降低，伸长率持续提高。

　　充型速率为 21mm/s 时，不同成形比压下 CuSn10P1 合金半固态流变挤压铸造轴套的拉伸断口形貌如图 5.9 所示。CuSn10P1 合金轴套显微组织内部存在的缩松缩孔等缺陷和凝固后存在于晶间的 Cu_3P 及 $Cu_{31}Sn_8$ 等硬脆相会成为裂纹源，在裂纹源受到拉应力的作用时，会在这些缺陷或硬脆相处开裂并在显微组织中扩展。Cu_3P 相主要呈层片状分布在初生 α-Cu 相的晶界处，裂纹源会沿晶界扩展最后使小区域断裂，图 5.9 中虚线所示为拉断后晶粒留下的凹坑，可以发现凹坑先变小后增大，说明晶粒尺寸是先减小后增大，与图 5.6 中显微组织分析一致。

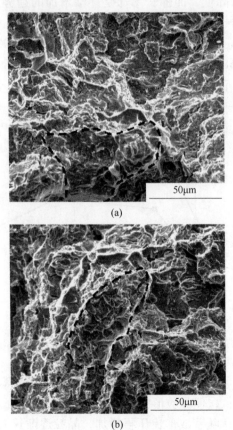

(a)

(b)

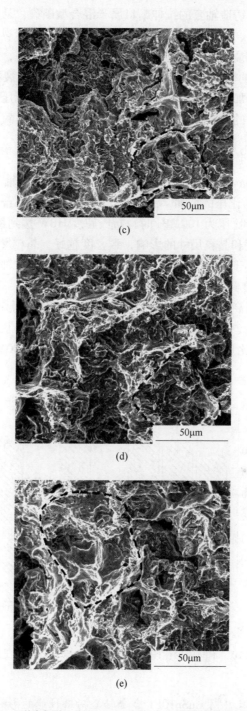

图 5.9　不同成形比压下 CuSn10P1 合金轴套拉伸断口形貌

(a) 50MPa；(b) 75MPa；(c) 100MPa；(d) 150MPa；(e) 200MPa

半固态流变挤压铸造轴套的拉伸断口属于混合型断裂。从图5.9可知，断口中有明显的河流花样、撕裂棱和光滑的小平面，属于沿晶断裂、解理断口和准解理断口，而沿晶断裂最后伴随的韧性断裂不仅表现为撕裂棱，还有韧窝（虚线内部）。随着成形比压的增加，小平面占的比例逐渐减少，撕裂棱占的比例逐渐增加，韧窝的深度也在加深，说明材料的变形能力随着成形比压的增加而增加，塑性变好，与图5.9中的伸长率随成形比压的增加而增加相一致。

5.2.1.2　成形比压对 CuSn10P1 合金轴套布氏硬度的影响

充型速率为21mm/s，不同成形比压下 CuSn10P1 合金轴套的布氏硬度如图5.10所示。随着成形比压的增加，流变挤压铸造 CuSn10P1 合金轴套的布氏硬度先增加后降低，成形比压为100MPa时，布氏硬度HBW达到最大值157.5。布氏硬度受试样的致密度和晶粒尺寸的影响，致密度越好，晶粒尺寸越小则布氏硬度越高。当成形比压小于100MPa时，随着成形比压的增加，轴套零件的缩松缩孔等缺陷减少，致密度逐渐提高，且晶粒尺寸也得到细化，布氏硬度HBW从50MPa时的135.6提高到75MPa时的148.1。成形比压超过100MPa后，轴套零件的致密度提高很少，而晶粒尺寸有所增加，晶粒尺寸对布氏硬度的影响起主要作用，导致随成形比压的再增加布氏硬度略微降低，200MPa时的布氏硬度为149.5。

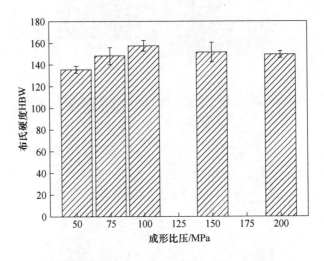

图5.10　不同成形比压下 CuSn10P1 合金轴套的布氏硬度

5.2.1.3　成形比压对 CuSn10P1 合金轴套耐磨性能的影响

材料的摩擦系数是反映材料摩擦磨损性能的重要指标之一，摩擦系数越小越稳定，表明材料的摩擦磨损性能越好，反之越差。不同成形比压下 CuSn10P1 合金轴套摩擦系数与摩擦时间的关系如图 5.11 所示。随着成形比压的增加，摩擦系数呈逐渐降低的趋势，成形比压超过 100MPa 后，摩擦系数变化不大。另外，随着 CuSn10P1 合金轴套摩擦磨损时间的延长，不同成形比压下 CuSn10P1 合金轴套的摩擦系数具有类似的变化规律，在摩擦磨损前期阶段，摩擦系数都急剧增加；随着摩擦磨损的时间的延长，摩擦系数最后基本稳定在一定范围内。

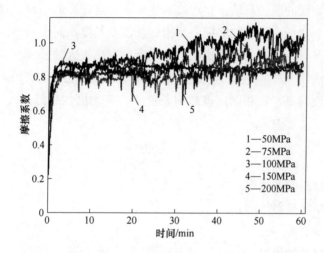

图 5.11 不同成形比压下 CuSn10P1 合金轴套摩擦系数与摩擦时间的关系

如图 5.11 所示，CuSn10P1 合金轴套的摩擦系数从摩擦磨损开始至 5min 左右经历了一个快速上升的过程，当摩擦磨损时间超过 5min 后，摩擦系数稳定在一定范围内。CuSn10P1 合金轴套摩擦磨损初期的摩擦系数急剧上升阶段为摩擦磨损的磨合阶段。在这个摩擦磨损过程中，CuSn10P1 合金轴套摩擦试样与对磨副在外力作用下开始接触，刚开始时 CuSn10P1 合金轴套摩擦试样与对磨副是点接触，接触面积小，随着摩擦磨损时间的延长，摩擦试样与对磨副的实际接触面积不断增大，使摩擦系数急剧增加。当摩擦磨损时间超过 5min 后，CuSn10P1 合金轴套摩擦磨损进入稳定磨损阶段，这一阶段磨损缓慢且稳定，磨损率保持基本不变，CuSn10P1 合金轴套磨损性能主要根据这一阶段的磨损情况进行评判。成形比压为 50MPa 时 CuSn10P1 合金轴套摩擦系数最终稳定在 1.03 附近，成形比压为 75MPa 时 CuSn10P1 合金轴套摩擦系数最终稳定在 0.96 附近，成形比压为 100MPa 时 CuSn10P1 合金轴套摩擦系数最终稳定在 0.84 附近，成形比压为 150MPa 时 CuSn10P1 合金轴套摩擦系数最终稳定在

0.86 附近，成形比压为 200MPa 时 CuSn10P1 合金轴套摩擦系数最终稳定在 0.88 附近。

不同成形比压下 CuSn10P1 合金轴套摩擦性能测试结束后摩擦痕迹形貌 3D 扫描图如图 5.12 所示。不同成形比压下，CuSn10P1 合金轴套摩擦试样表面都出现深浅不一的犁沟，随着摩擦磨损时间的延长，CuSn10P1 合金轴套试样表面与摩擦副的往复摩擦过程中会在摩擦试样表面出现磨屑，磨屑黏附在摩擦副的表面，在摩擦试样的磨损表面形成沟槽。沟槽内的金属在一定作用力下发生变形，会逐渐向摩擦表面的两侧移动，在沟槽两侧形成一定程度的凸起，这种现象属于典型的黏着磨损和低应力磨粒磨损。犁沟的深浅及长度不同表明不同成形比压形成的轴套零件虽具有相同的磨损机制，但耐磨性存在很大的差异。

Archard's 法则[7]中，材料的硬度是影响摩擦磨损性能的重要因素之一，也就是说材料的硬度越高，在相同摩擦磨损条件下，其耐磨性越好。式（5.3）为磨损率公式[8]：

$$W = \frac{PL\tan\theta}{\pi H} \tag{5.3}$$

式中　W——材料的磨损率；

　　　P——摩擦接触压力；

　　　L——摩擦距离；

　　　H——材料的硬度；

　　　θ——试样与摩擦副的水平夹角。

根据式（5.3）可知，在相同测试条件下，材料的磨损率与其硬度成反比，即材料的硬度越高，其磨损率越低，耐磨性越好。当成形比压为 50MPa 时，CuSn10P1 合金轴套的布氏硬度低，与摩擦副之间的硬度差比较大，在往复的摩擦过程中，磨屑黏附在摩擦副表面，使球形的摩擦副与摩擦表面的接触由球面变成了平面，故磨损表面接近平面。在摩擦面中心位置处犁沟的深度相对比较深，原因是球面的底部黏附磨屑后，中心位置受到磨屑的磨损更加严重，故中心要比沟槽边上的犁沟数量多且深。当成形比压为 75MPa 时，CuSn10P1 合金轴套的布氏硬度有所提高，在相同时间内，产生的磨屑比成形比压为 50MPa 时少，虽然磨损表面仍分布着大量犁沟，但耐磨性比 50MPa 时有明显提高。当成形比压为 100MPa 时，CuSn10P1 合金轴套的布氏硬度最高，摩擦副与磨损表面形成的磨屑细小，在磨损表面虽然分布细小的犁沟，但磨损表面整体相对比较光滑。随着成形比压增加到 150MPa 和 200MPa 时，硬度有所下降，其磨损表面犁沟又开始增多和加深。磨损情况与布氏硬度的分布规律相一致。

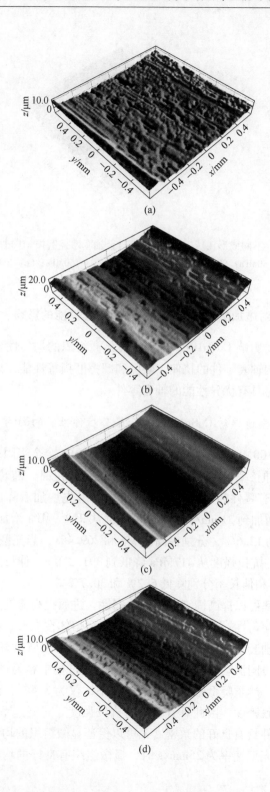

(a)

(b)

(c)

(d)

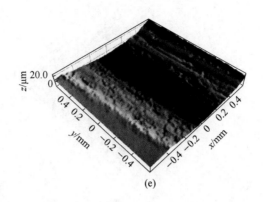

图 5.12　不同成形比压下 CuSn10P1 合金轴套摩擦磨损 3D 扫描形貌图

(a) 50MPa；(b) 75MPa；(c) 100MPa；(d) 150MPa；(e) 200MPa

5.2.2　充型速率对施加类等温流变挤压铸造轴套性能的影响

充型速率主要影响 CuSn10P1 合金轴套显微组织的均匀性和成形轴套零件的致密度，从而影响轴套零件的拉伸、硬度和摩擦磨损等性能，只有选择合适的充型速率，才能获得具有优异性能的轴套零件。

5.2.2.1　充型速率对 CuSn10P1 合金轴套拉伸性能的影响

成形比压为 100MPa，不同充型速率下 CuSn10P1 合金半固态流变挤压铸造轴套的抗拉强度和伸长率如图 5.13 所示。成形比压恒定时，随着充型速率的增加，CuSn10P1 合金轴套零件的抗拉强度和伸长率都呈先增加后降低的趋势。当充型速率从 17mm/s 增加到 21mm/s 时，抗拉强度从 399.9MPa 增加到 417MPa、伸长率从 3.4% 增加到 12.6%，分别提高 4.3% 和 269.4%；当充型速率从 21mm/s 增加到 25mm/s 时，抗拉强度从 417MPa 降低到 391.2MPa、伸长率从 12.6% 降低到 8.7%，抗拉强度和伸长率分别降低 6.2% 和 30.7%。

增加充型速率可以提高固液流动的协同性，进而提高流变挤压铸造轴套零件显微组织分布的均匀性；但充型速率过快，合金熔体在充型过程中容易卷气，造成流变挤压铸造轴套零件内缩孔缩松缺陷的增加。当充型速率为 17mm/s 时，充型速率慢，固液协同流动性差，合金熔体在充型过程中容易产生固液分离现象，固相和液相团聚，严重降低轴套零件的伸长率，仅为 3.4%，而成形比压可保证轴套具有良好的致密度，因此具有较高的抗拉强度。充型速率为 21mm/s 时，既可以保证轴套零件具有良好的致密度又可以保证显微组织的均匀性，抗拉强度和伸长率都最高。充型速率为 25mm/s 时，显微组织有良好的均匀性，但因卷气造

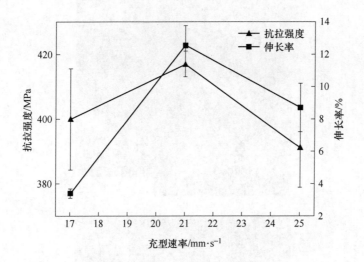

图 5.13　不同充型速率时 CuSn10P1 合金轴套抗拉强度和伸长率

成缩孔缩松数量增加，在拉伸过程中，裂纹容易在缺陷处萌生使零件失效，抗拉强度和伸长率较 21mm/s 时都有所降低。

　　成形比压为 100MPa，不同充型速率下 CuSn10P1 合金半固态流变挤压铸造轴套的拉伸断口形貌如图 5.14 所示。充型速率为 17mm/s 时，断口上有明显晶粒脱落后形成的撕裂棱（见图 5.14(a) 中虚线），而撕裂棱内部分布着很多光滑的小平面，属于沿晶断裂和准解理断裂。当充型速率为 21mm/s 和 25mm/s 时，断口上分布着明显的小凸起和类似凹坑，这是沿晶断裂的明显特征，而在撕裂棱周围还存在韧窝，是准解理断裂和韧性断裂的标志。

(a)

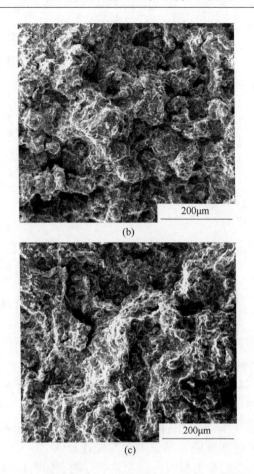

图 5. 14　不同充型速率下 CuSn10P1 合金轴套拉伸断口形貌
(a) 17mm/s；(b) 21mm/s；(c) 25mm/s

5.2.2.2　充型速率对 CuSn10P1 合金轴套布氏硬度的影响

　　成形比压为 100MPa，不同充型速率下 CuSn10P1 合金轴套的布氏硬度如图 5.15 所示。随着充型速率的增加，流变挤压铸造 CuSn10P1 合金轴套的布氏硬度逐渐降低。充型速率为 17mm/s 时的布氏硬度 HBW 为 160.6，与充型速率为 21mm/s 时的 157.5 相近，但充型速率为 17mm/s 时的方差比较大，说明不同位置处的布氏硬度波动较大，显微组织的均匀性差。凝固后晶间组织中分布着 Cu_3P 及 $Cu_{31}Sn_8$ 等硬脆相，会提高该区域的硬度，当压头处以晶间组织为主时，布氏硬度则高，而以初生相为主时则布氏硬度偏低，造成轴套零件不同位置处的布氏硬度差异较大，对零件的整体性能不利，这与图 5.13 中的结果相一致。当充型速率为 25mm/s 时，布氏硬度降到 HBW 140.3，这是因为充型速率过快，合金熔体容易卷气使轴套零件的致密度有所降低，布氏硬度也随之有所下降。

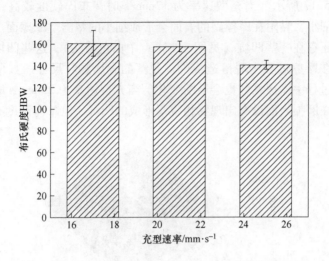

图 5.15 不同充型速率下 CuSn10P1 合金轴套的布氏硬度

5.2.2.3 充型速率对 CuSn10P1 合金轴套耐磨性能的影响

成形比压为 100MPa，不同充型速率下 CuSn10P1 合金轴套摩擦系数与摩擦时间的关系如图 5.16 所示。随着充型速率的增加，摩擦系数的平均值基本相同，都在 0.84 附近浮动，但摩擦系数的振动幅度不同，说明摩擦磨损试样表面与摩擦副接触面之间的粗糙度情况不同，振动幅度越大，两者之间的粗糙度变化越大。

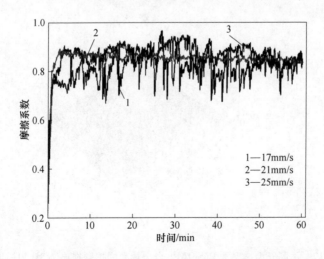

图 5.16 不同充型速率下 CuSn10P1 合金轴套摩擦系数与摩擦时间的关系

　　不同充型速率下 CuSn10P1 合金轴套摩擦性能测试结束后摩擦痕迹形貌 3D
扫描图如图 5.17 所示。当充型速率为 17mm/s 时,布氏硬度较高,在磨损过程
中磨屑比较细小,黏附在摩擦副的表面会形成细小的犁沟。摩擦面上除了分布着
较浅的犁沟还存在一些凹坑（见图 5.17(a)中白色箭头）,这些凹坑可能是团聚
的显微组织在摩擦过程中脱落造成的。脱落的金属颗粒尺寸、数量和位置等不
同,在摩擦过程中摩擦系数也会不断变化。当充型速率为 25mm/s 时,显微组织
分布均匀,在磨损表面没有出现物相脱落形成的凹坑,但犁沟深度有所增加,原

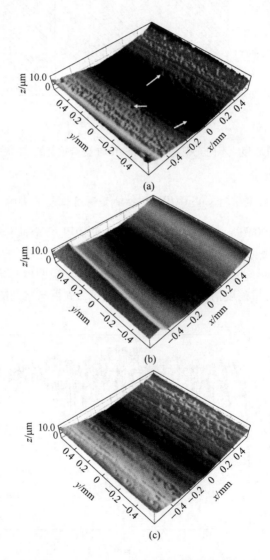

图 5.17　不同充型速率下 CuSn10P1 合金轴套摩擦磨损痕迹 3D 扫描形貌图

(a) 17mm/s; (b) 21mm/s; (c) 25mm/s

因可能是缩孔缩松等缺陷导致硬度有所下降，磨损过程中黏附在摩擦副表面的磨屑容易在缺陷处形成较深的犁沟。当充型速率为 21mm/s 时，显微组织均匀且致密度好，摩擦表面只有细小的犁沟，耐磨性好。

与不同成形比压时摩擦磨损 3D 扫描形貌图（见图 5.12）相比，不同充型速率下摩擦系数与摩擦面形貌之间的区别较小。而不同成形比压时，摩擦系数与摩擦面形貌之间的差别比较大，说明成形比压对 CuSn10P1 合金轴套耐磨性的影响大，而充型速率对 CuSn10P1 合金轴套耐磨性的影响较小。

5.3 熔体处理工艺对 CuSn10P1 合金轴套力学性能的影响

熔体处理工艺影响 CuSn10P1 合金轴套显微组织的形貌、显微组织的均匀性及致密度等，对 CuSn10P1 合金轴套的性能有很大的影响。在成形比压为 100MPa、充型速率为 21mm/s 条件下，探讨熔体处理工艺对合金力学性能的影响。

5.3.1 熔体处理工艺对锡元素宏观分布的影响

挤压铸造 CuSn10P1 合金轴套中锡元素宏观分布如图 5.18 所示。在液态挤压铸造和施加类等温的半固态挤压铸造轴套零件中，锡元素的宏观分布总体呈现内外表面含量高中间含量低的趋势，这是由 CuSn10P1 合金中锡元素容易产生宏观偏析的特性所决定[9-12]。

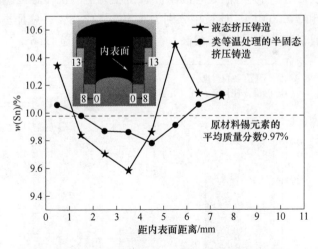

图 5.18　挤压铸造 CuSn10P1 合金轴套中锡元素宏观分布

液态挤压铸造轴套零件中锡元素宏观分布范围为 9.58% ~ 10.49%，施加类等温的半固态挤压铸造轴套零件中锡元素宏观分布范围为 9.78% ~ 10.13%，轴套表面和心部锡元素含量差值由液态铸造的 0.91% 降到施加类等温半固态的 0.35% ，逆偏析程度较液态挤压铸造轴套降低 61% 。半固态挤压铸造轴套零件中锡元素宏观分布范围小，表明其锡元素分布相对更加均匀，与液态挤压铸造相比，锡元素的宏观偏析得到极大改善。半固态浆料中含有 30% 左右的固相颗粒，与液态金属凝固相比，凝固时体积收缩小、对心部熔体产生的静压力小；并且半固态浆料中固相颗粒形貌以等轴状或球状为主，凝固时铸件中心液相向铸件表层流动的空隙通道变得复杂。在静压力变小和复杂通道的作用下，铸件中心液相向铸件表层流动变得困难，而锡元素在液相中的质量分数最高，液相在轴套零件中心和表层分布越均匀，锡元素的宏观分布就越均匀，宏观偏析越小。

液态挤压铸造轴套零件在外表层（5.5～8mm）的锡元素含量存在下降趋势，而半固态挤压铸造轴套零件平稳上升。液态挤压铸造时，合金熔体具有一定的过热度，充满型腔时与模具接触的熔体受到激冷，有利于晶粒的细化，在轴套零件外层形成细晶区，液相在体积收缩产生的静压力作用下，无法通过空隙通道到达轴套外表层，造成距离外表层很短距离内锡元素含量呈下降趋势。半固态挤压铸造的轴套零件显微组织分布均匀，在外表层不存在细晶区，锡元素含量分布呈中间低两边高的常规趋势。

5.3.2　熔体处理工艺对 CuSn10P1 合金轴套拉伸性能的影响

不同熔体处理工艺下 CuSn10P1 合金轴套抗拉强度和伸长率如图 5.19 所示。液态挤压铸造和未施加类等温处理的半固态挤压铸造的抗拉强度基本相等，分别为 342.1MPa 和 346.6MPa、伸长率分别为 6.59% 和 3.8% ，施加类等温处理半固态挤压铸造的抗拉强度和伸长率最高，分别为 417MPa 和 12.6% 。

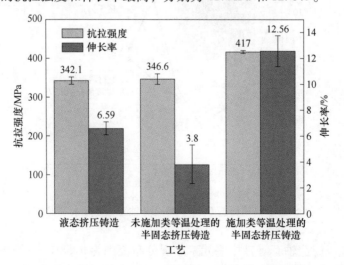

图 5.19　不同熔体处理工艺下 CuSn10P1 合金轴套抗拉强度和伸长率

未施加类等温处理的半固态挤压铸造轴套零件显微组织分布不均匀，存在大量团簇和液态凝固形成的小枝晶团聚体，缩孔缩松缺陷多（见图5.5），造成伸长率低且零件整体伸长率一致性差，但轴套零件中粗大树枝晶基本消除，晶粒比较细小，细晶强化使轴套零件具有与液态挤压铸造相当的抗拉强度。施加类等温处理的半固态挤压铸造轴套零件显微组织分布均匀、组织细小、缩孔缩松缺陷少，锡元素的晶间偏析和逆偏析都得到改善（见图4.6（c）、图4.7（b）、图5.18），在固溶强化和细晶强化的机制下，轴套零件具有良好的抗拉强度和伸长率，且零件整体性能一致性好。

不同熔体处理工艺下 CuSn10P1 合金轴套拉伸断口形貌如图5.20所示。液态挤压铸造轴套零件断口上存在明显的树枝晶形貌、穿晶断口和河流花样，属于典型的以沿晶断裂和解理断裂为主的混合脆性断裂（见图5.20（a））。未施加类等温的半固态挤压铸造轴套零件断口平整，断口上分布着河流花样和撕裂棱，属于解理断裂（见图5.20（b））。施加类等温的半固态挤压铸造轴套零件断口属于解理断裂、准解理断裂和韧性断裂的混合型断口（图5.20（c））。

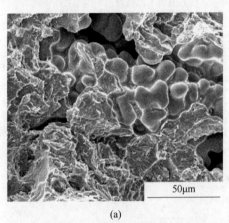

50μm

(a)

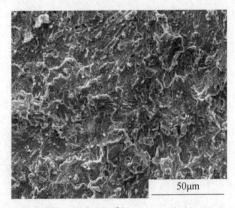

50μm

(b)

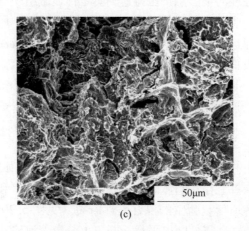

(c)

图 5.20　不同熔体处理工艺下 CuSn10P1 合金轴套拉伸断口形貌
（a）液态挤压铸造；（b）没有类等温处理的半固态挤压铸造；
（c）有类等温处理的半固态挤压铸造

5.3.3　熔体处理工艺对 CuSn10P1 合金轴套布氏硬度的影响

　　不同熔体处理工艺下 CuSn10P1 合金轴套的布氏硬度如图 5.21 所示。未施加类等温的半固态挤压铸造轴套缩松缩孔等缺陷多，显微组织分布不均匀，轴套零件致密度差，布氏硬度 HBW 最低，为 139.8。液态挤压铸造轴套显微组织以树枝晶为主，分布相对均匀，缩松缩孔等缺陷与未施加类等温处理的半固

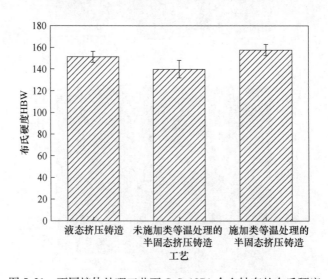

图 5.21　不同熔体处理工艺下 CuSn10P1 合金轴套的布氏硬度

态挤压铸造相比有所改善，轴套致密度有所提高，布氏硬度 HBW 有所提高，为 151.3。施加类等温处理的半固态挤压铸造轴套显微组织以等轴晶或近球状晶为主，组织分布均匀且缺陷很少，轴套致密度高，布氏硬度 HBW 也最高，为 157.45。

5.3.4 熔体处理工艺对 CuSn10P1 合金轴套耐磨性能的影响

不同熔体处理工艺下 CuSn10P1 合金轴套摩擦系数与摩擦时间的关系如图 5.22 所示。液态挤压铸造和施加类等温处理的半固态挤压铸造轴套零件的摩擦系数基本稳定，分别在 0.8 和 0.84 附近浮动，而液态挤压铸造轴套的摩擦系数振幅大，表明摩擦磨损试样表面与摩擦副接触面的粗糙度在不停变化，试样表面不光整。未施加类等温处理的半固态挤压铸造轴套摩擦系数一直在缓慢上升，表明摩擦磨损试样表面与摩擦副接触面的粗糙度一直增加，耐磨性能差。

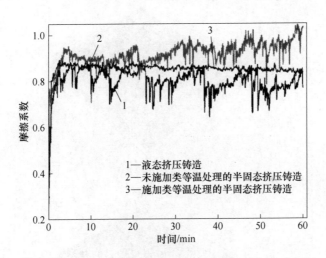

图 5.22 不同熔体处理工艺下 CuSn10P1 合金轴套摩擦系数与摩擦时间的关系

不同熔体处理工艺下 CuSn10P1 合金轴套摩擦磨损 3D 扫描形貌如图 5.23 所示。未施加类等温处理的半固态挤压铸造轴套布氏硬度低，显微组织分布不均匀且团聚现象严重，在摩擦磨损过程中团聚组织容易脱落，跟磨屑一起黏附在摩擦副表面，在摩擦磨损试样表面形成较深的犁沟和小凹坑，表面粗糙度加大，在摩擦磨损过程中磨损加快和摩擦系数缓慢上升（见图 5.23（a））。液态挤压铸造轴套布氏硬度高，耐磨性得到提高，但显微组织中 Cu_3P 等硬脆相分布在树枝晶间隙内，在摩擦磨损过程中容易脱落形成细小的犁沟（见图 5.23（b））。施加类等温处理的半固态挤压铸造轴套布氏硬度最高，显微组织分布均匀，且锡元素的晶间偏析和逆偏析都得到改善，耐磨性最好，摩擦磨损试样表面虽然有细小犁沟，但磨损表面整体相对比较光滑，摩擦系数比较稳定（见图 5.23(c)）。

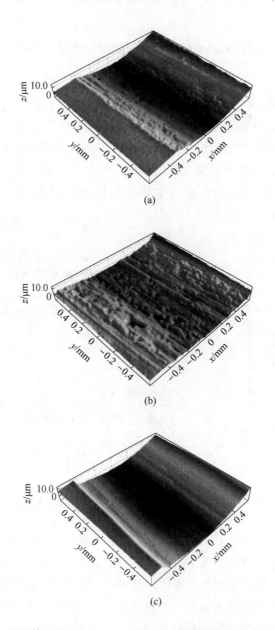

图 5.23　不同熔体处理工艺下 CuSn10P1 合金轴套摩擦磨损 3D 扫描形貌图
(a) 液态挤压铸造；(b) 未施加类等温处理的半固态挤压铸造；
(c) 施加类等温处理的半固态挤压铸造

5.4 固溶处理对 CuSn10P1 合金轴套显微组织及性能的影响

5.4.1 固溶温度对显微组织的影响

固溶时间为 75min，固溶温度分别为 600℃、640℃、680℃和 720℃时，半固态挤压铸造 CuSn10P1 合金轴套显微组织和 XRD 曲线分别如图 5.24 和图 5.25 所示。不同温度的固溶处理没有改变显微组织中物相的组成，仍由初生 α-Cu 相和晶间组织 α + δ + Cu₃P 相组成。

固溶处理时间恒定，随着固溶处理温度升高，初生 α-Cu 相形貌得到改善，尖角逐渐变得圆滑，晶粒的圆整度逐渐提高，锡元素在初生 α-Cu 相内的固溶度逐渐增加，显微组织的均匀性得到提高。由图 1.2 可知，在加热过程中，634℃左右发生式（1.2）包共晶反应的逆反应。当固溶处理温度为 600℃时，低于包共晶逆反应温度，晶间组织不发生熔化，只存在晶间组织中锡元素向初生 α-Cu相内部扩散现象。当固溶处理温度低和固溶处理时间短，锡元素从晶间组织向初生 α-Cu 相内部扩散不充分，初生 α-Cu 相中心的锡元素含量仍然很低，在金相图中为初生 α-Cu 相中心的白亮区域（见图 5.24(a)）。当固溶处理温度提高到640℃时，高于包共晶逆反应温度，部分晶间组织开始发生熔化。随着固溶处理温度升高，晶间组织熔化速度加快，凝固后晶间组织的比例有所增加，初生 α-Cu 相开始粗化，等效直径逐渐增大，初生 α-Cu 相中心的白亮区域在固溶处理温度为 640℃比 600℃时明显减少（见图 5.24(b)）。当固溶处理温度为 680℃和720℃时，初生 α-Cu 相中心的白亮区域基本消失，表明初生 α-Cu 相内部不存在锡元素偏析情况，锡元素的晶内偏析得到消除（见图 5.24(c)(d)）。

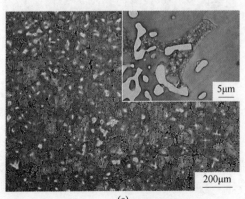

5μm

200μm

(a)

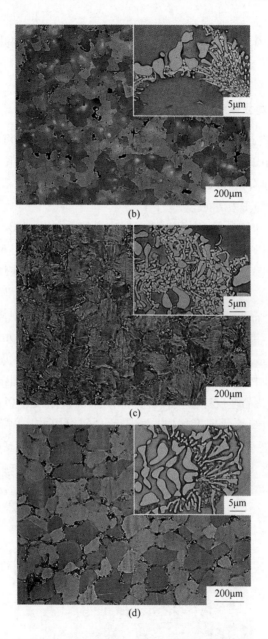

图 5.24　不同固溶处理温度下 CuSn10P1 合金轴套显微组织变化
(a) 600℃；(b) 640℃；(c) 680℃；(d) 720℃

　　随着固溶处理温度提高，晶间组织内低熔点相更容易发生熔化，主要是 Cu_3P 相的形核与长大。当固溶处理温度为 600℃ 时，未达到晶间组织熔化温度，晶间内 Cu_3P 相保持固溶处理前的状态，未发生新的形核与长大现象（见

图 5.24(a))。当固溶处理温度提高到 640℃时,晶间组织开始熔化,在固溶处理过程中成分场重新分配,晶间组织中大量形成细小的 Cu_3P 相,其生长方向以垂直于初生 α-Cu 相边界为主(见图 5.24(b))。当固溶处理温度提高到 680℃和 720℃时,固溶处理温度的提高使元素扩散速度加快,Cu_3P 相明显长大(见图 5.24(c)(d))。

图 5.25(b)为图 5.5(a)中初生 α-Cu 相主峰的放大图,可知固溶处理温度为 600～640℃时,峰向左偏移比较明显,表明在固溶处理温度从 600℃提升到 640℃时,锡元素从晶间向初生 α-Cu 相内的扩散速度得到明显提高,初生 α-Cu 相内锡元素的含量增加。固溶处理温度为 640℃、680℃和 720℃ 3 组的峰值没有明显的偏移,表明锡元素在初生 α-Cu 相内的固溶度没有明显的变化,与前面锡元素晶间偏析得到消除的分析一致。随着固溶处理温度的升高,初生 α-Cu 相主峰的半高

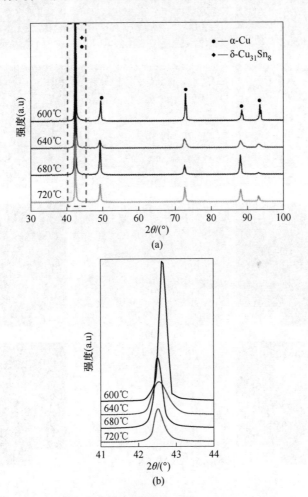

图 5.25　不同固溶处理温度下 CuSn10P1 合金轴套的
XRD 曲线(a)和局部放大图(b)

宽逐渐减小，表明初生 α-Cu 相逐渐粗化，这与图 5.24 中显微组织的变化一致。

固溶时间为 75min，固溶温度分别为 600℃、640℃、680℃和 720℃时，半固态挤压铸造 CuSn10P1 合金轴套显微组织的扫描图如图 5.26 所示，其中（a）（d）（g）（j）为扫描 Mapping 图，（b）（e）（h）（k）为线扫描图，（c）（f）（i）（l）为锡元素分布图。

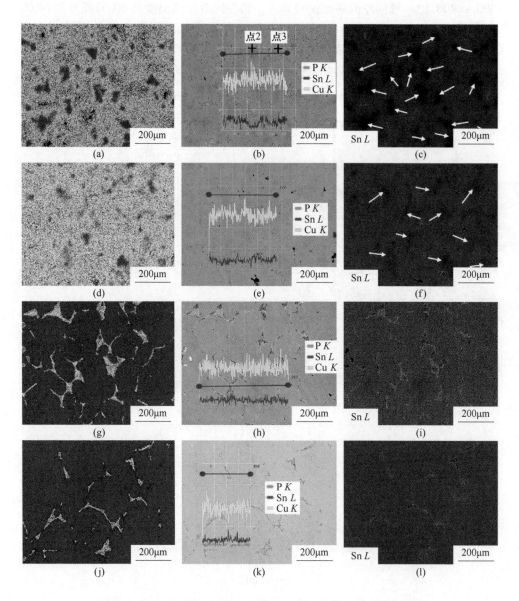

图 5.26   不同固溶处理温度下 CuSn10P1 合金轴套显微组织扫描图

（a）~（c）600℃；（d）~（f）640℃；（g）~（i）680℃；（j）~（l）720℃

由式（3.2）可知，固溶温度越高，原子扩散系数越大，合金元素扩散的速度越快。随着固溶处理温度提高，锡元素从富锡的晶间组织向低锡的初生 α-Cu 相内部扩散的速度越快。在保温相同的时间内，温度越高，锡元素扩散速度越快，初生 α-Cu 相的晶内偏析和晶间组织与初生 α-Cu 相的晶间偏析越小。从 Mapping 图和锡元素分布图可知，随着固溶处理温度提高，初生 α-Cu 相从晶界到晶内颜色越一致，即铜元素与锡元素在初生 α-Cu 相内的分布越均匀。当固溶处理温度为 600℃ 时，温度低导致锡元素扩散系数小，扩散不充分，初生 α-Cu 相中心锡元素含量低。从图 5.26(b) 线扫描结果可知，锡元素在初生 α-Cu 相中心的含量比其他部位明显降低，存在明显的锡元素含量降低台阶。

当固溶处理温度提高到 640℃ 时，锡元素的扩散系数得到提高，从晶间组织中向初生 α-Cu 相中心的扩散速度加快，初生 α-Cu 相中心锡元素的含量得到提高，颜色比固溶处理温度为 600℃ 时变浅。从图 5.26(e) 线扫描可发现，初生 α-Cu 相中心锡元素含量与其他部位锡元素含量差别明显缩小，锡元素含量降低台阶消失。

固溶处理温度进一步提高到 680℃ 和 720℃ 时，温度的提升使锡元素扩散速度更快，初生 α-Cu 相中心锡元素含量进一步提高，整体锡元素含量基本一致（见图 5.26(g)(i)(j)(l)）。从图 5.26(h) 和图 5.26(k) 线扫描可知，初生 α-Cu 相与晶间组织中锡元素的含量差距显著缩小，初生 α-Cu 相的晶内偏析基本消除，晶间偏析得到明显改善。

5.4.2 固溶时间对显微组织的影响

固溶处理温度为 680℃，固溶处理时间分别为 30min、45min、60min、75min 和 90min 时，半固态挤压铸造 CuSn10P1 合金轴套显微组织和 XRD 曲线如图 5.27 和图 5.28 所示。由图 5.27 和图 5.28 可知，不同固溶处理时间的显微组织与不同固溶处理温度一样，没有改变物相组成，显微组织仍由初生 α-Cu 相和晶间组织 α + δ + Cu₃P 相组成。

200μm

(a)

(b)

(c)

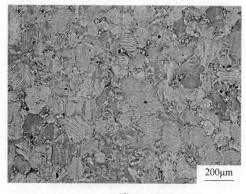

(d)

(e)

图 5.27 不同固溶处理时间下 CuSn10P1 合金轴套显微组织变化

(a) 30min;(b) 45min;(c) 60min;(d) 75min;(e) 90min

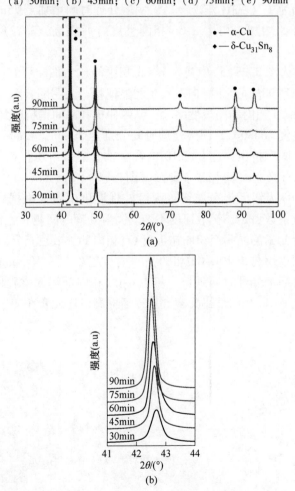

(a)

(b)

图 5.28 不同固溶处理时间下 CuSn10P1 合金轴套的 XRD 曲线（a）和局部放大图（b）

固溶处理温度恒定时，随着固溶处理时间的延长，半固态挤压铸造轴套显微组织中初生 α-Cu 相尺寸不断增加，形貌变得规整，锡元素在初生 α-Cu 相内的固溶度增加，晶间组织含量先减少后增加。固溶处理 30min 时，与图 5.6(c) 中未固溶处理的显微组织对比，晶间组织明显减少，初生 α-Cu 相尺寸增加，分布在初生 α-Cu 相周围的絮状组织全部消失。随着固溶处理的进行，轴套内部的溶质发生再分配，锡元素从晶间组织向初生 α-Cu 相内部扩散，同时初生 α-Cu 相开始 Ostwald 熟化，吞并周围絮状组织并开始长大（见图 5.27(a)）。

固溶处理为 45min 时，锡元素扩散时间延长，晶间组织减少，初生 α-Cu 相之间开始互相吞并长大，形貌以等轴状为主变成蠕虫状为主（见图 5.27(b)）。固溶处理时间延长到 60min 时，晶间组织基本消失，初生 α-Cu 相开始向球化转变，以等轴状晶为主（见图 5.27(c)）。固溶处理时间增加至 75min 和 90min 时，晶间组织比例开始增加，初生 α-Cu 相圆整度有所提高，晶粒尺寸进一步增大（见图 5.27(d)(e)）。

图 5.28(b) 为图 5.28(a) 中初生 α-Cu 相主峰放大图，可知随着固溶处理时间从 30min 增加到 90min，主峰向左发生明显偏移。表明随着固溶处理时间增加，锡元素在初生 α-Cu 相内的固溶度增大，晶内偏析和晶间偏析得到改善。

固溶处理温度为 680℃，固溶处理时间分别为 30min、45min、60min、75min和 90min 时，半固态挤压铸造 CuSn10P1 合金轴套显微组织扫描如图 5.29 所示，其中 (a)(d)(g)(j)(m) 为扫描 Mapping 图，(b)(e)(h)(k)(n) 为线扫描图，(c)(f)(i)(l)(o) 为锡元素分布图。固溶处理温度恒定，根据式 (3.2) 可知，合金元素的扩散系数恒定，扩散速度不变。固溶处理时间越长，锡元素扩散的时间越长，从富锡元素的晶间组织向初生 α-Cu 相内部扩散越充分，初生 α-Cu 相的晶内偏析和晶间组织与初生 α-Cu 相的晶间偏析越小。从 Mapping 图和锡元素分布图可知，随着固溶处理时间延长，初生 α-Cu 相内部锡元素较低的区域面积逐渐缩小，即初生 α-Cu 相内部锡元素含量逐渐提高，锡元素在初生 α-Cu 相内的分布也越均匀。

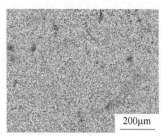
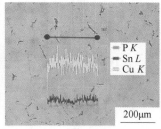
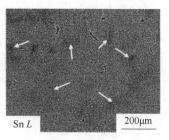

(a)　　　　　　　　　　　(b)　　　　　　　　　　　(c)

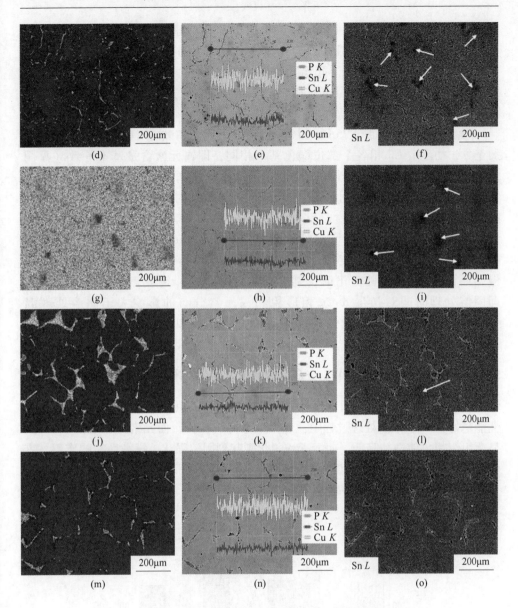

图 5.29 不同固溶处理时间下 CuSn10P1 合金轴套显微组织扫描图
(a) ~ (c) 30min；(d) ~ (f) 45min；(g) ~ (i) 60min；
(j) ~ (l) 75min；(m) ~ (o) 90min

固溶处理时间为 30min 时，锡元素扩散时间短，从晶间组织向初生 α-Cu 相内扩散不充分，初生 α-Cu 相中心的锡元素含量比边缘含量低。从图 5.29(b) 线扫描可知，锡元素在初生 α-Cu 相中心的含量比其他部位略微降低，存在锡元素含量降低的小台阶。

固溶处理时间延长至 45min 和 60min 时，锡元素扩散时间增加，锡元素从晶间组织向初生 α-Cu 相内部扩散得更加充分，初生 α-Cu 相内部锡元素含量比保温 30min 得到提高，低锡元素区域面积减少。从图 5.29(e) 和 (h) 的线扫描结果可发现，初生 α-Cu 相中心锡元素含量与其他部位锡元素含量差距很小。

固溶处理时间增加至 75min 和 90min 时，锡元素扩散的时间足够长和扩散更加充分，初生 α-Cu 相各个部位颜色基本相同，即锡元素含量基本一致（见图 5.29(j)(l)(m)(o)）。从图 5.29(k) 和 (n) 的线扫描结果可知，初生 α-Cu 相内锡元素分布均匀，且与晶间组织中锡元素含量基本相同，晶内偏析基本消除，晶间偏析得到显著改善。

对比固溶处理温度和固溶处理时间对初生 α-Cu 相形貌和锡元素分布的影响可知，固溶处理温度变化时，初生 α-Cu 相形貌和锡元素分布变化缓慢，而固溶处理时间变化时，初生 α-Cu 相形貌和锡元素分布变化较大，即固溶处理时间对初生 α-Cu 相形貌和锡元素分布的影响大于固溶处理温度的影响。实验中确定最佳固溶处理工艺为固溶处理温度 680℃ 和固溶处理时间 75min。

5.4.3　固溶处理对 CuSn10P1 合金轴套力学性能的影响

组织和元素分布均匀对力学性能有重要影响，组织和元素分布越均匀，力学性能越好[13-16]。固溶处理过程中，显微组织持续长大，而元素分布逐渐均匀化，显微组织粗化使性能降低，而元素均匀化则起到固溶强化，提高性能的作用，零件最终性能取决于两者的共同作用。固溶处理温度和固溶处理时间对 CuSn10P1 合金轴套抗拉强度和伸长率的影响如图 5.30 所示。

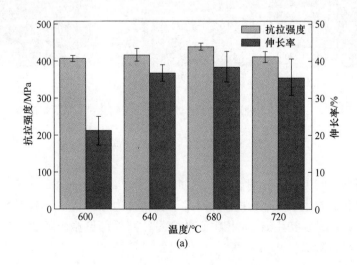

(a)

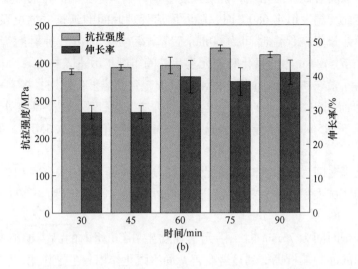

图 5.30　固溶处理对 CuSn10P1 合金轴套力学性能的影响
(a) 温度；(b) 时间

固溶处理时间不变时，随着固溶处理温度的升高，CuSn10P1 合金轴套抗拉强度和伸长率都是呈先升高后降低的趋势。固溶处理温度为 600℃时，抗拉强度和伸长率分别为 406.8MPa 和 21.2%，与未固溶处理时抗拉强度 417.0MPa 和伸长率 12.6% 相比，抗拉强度有所降低，而伸长率提高了 68.8%。与未固溶处理相比，显微组织粗化和晶粒变得不规则，虽然锡元素扩散使初生 α-Cu 相的晶内偏析和初生 α-Cu 相与晶间组织之间的晶间偏析得到改善，起到一定的固溶强化作用，但固溶强化作用低于晶粒粗化引起的负作用。

固溶处理温度提高到 640℃时，在 Ostwald 熟化机制下，初生 α-Cu 相进一步长大，形貌变得规整，且温度提高使锡元素扩散速度加快、分布更加均匀，锡元素的固溶强化作用增加，与晶粒粗化的负作用相互抵消，抗拉强度和伸长率分别为 416.8MPa 和 36.8%，与未固溶处理前相比，抗拉强度持平，伸长率提高了 1.9 倍。

固溶处理温度进一步提高到 680℃时，锡元素在初生 α-Cu 相内分布很均匀，晶间偏析也得到显著改善，锡元素的固溶强化作用起主导作用，抗拉强度和伸长率分别达到 439.5MPa 和 38.5%，与未固溶处理前相比，抗拉强度和伸长率分别提高了 5.4% 和 2.1 倍。

固溶处理温度再提高到 720℃时，锡元素分布情况与 680℃时相比改善不大，而晶粒进一步粗化，导致抗拉强度和伸长率都有所下降，分别为 410.8MPa 和

35.7%，与未固溶处理前相比，抗拉强度基本持平，伸长率提高了 1.8 倍。

当固溶处理温度恒定 680℃时，随着固溶处理时间的延长，抗拉强度先增加后降低，而伸长率在保温时间为 60min 后基本稳定。固溶处理时间为 30min 和 45min 时，初生 α-Cu 相的粗化和锡元素从晶间组织扩散进入初生 α-Cu 相内部同时进行，锡元素在初生 α-Cu 相内固溶度增加起到固溶强化作用，提高抗拉强度，但固溶处理前期组织粗化的速度快，又降低抗拉强度，随着固溶处理时间从 30min 延长至 45min，抗拉强度从 377.1MPa 提升至 388.5MPa，伸长率都为 29.6%。

固溶处理时间为 60min 时，锡元素扩散更加充分，初生 α-Cu 相内部锡元素含量较低的区域面积很小，锡元素分布更加均匀，抗拉强度增至 393.0MPa，伸长率增至 40.0%。

固溶处理时间为 75min 时，锡元素在初生 α-Cu 相内的晶内偏析基本消除，与晶间组织的晶间偏析也得到显著改善，固溶强化作用起主导作用，抗拉强度和伸长率分别达到 439.5MPa 和 38.5%。进一步延长固溶处理时间达到 90min 时，锡元素在晶间与初生 α-Cu 相内的浓度差很小，扩散速度变慢，锡元素分布与固溶处理时间为 75min 时类似，但初生 α-Cu 相继续长大，导致抗拉强度降低为 420.7MPa，伸长率为 41.2%。

半固态挤压铸造 CuSn10P1 合金轴套在各种固溶处理工艺参数下的拉伸试样断口形貌类似。以固溶处理温度为 680℃和固溶处理时间为 75min 试样为例，CuSn10P1 合金轴套拉伸断口形貌如图 5.31 所示。固溶处理后 CuSn10P1 合金轴套拉伸断口形貌比较复杂，属于脆性与韧性都存在的混合型断裂。显微组织中存在缩松缩孔等缺陷，在拉伸过程中应力集中，容易形成裂纹源，且液相凝固形成的晶间组织中存在 $Cu_{31}Sn_8$ 和 Cu_3P 硬脆相，裂纹在拉应力作用下可能沿着液相凝固形成的晶间组织中扩展，断裂时形成明显的撕裂棱（见图 5.31(a)）。

图 5.31(b)中 A 区域同时存在撕裂棱和解理面，属于典型的准解理断口，可能是晶粒内存在的缩松缩孔等缺陷成为裂纹源，裂纹向四周扩展形成的。图 5.31(b)中 B 区域以其中的光亮小凹坑为裂纹源，以扇形的方式向四周扩展，最后形成解理扇形的河流花样，属于典型的解理断裂。图 5.31(b)中 C 区域断面光滑平整，为典型的穿晶断裂。

CuSn10P1 合金轴套拉伸试样在拉伸过程中，不同位向的晶粒间相互约束，滑移沿着多个滑移系进行，滑移系相互交叉，在韧窝的壁上产生蛇形滑动、涟波和延伸区等特征，断口上呈现出蛇形滑动特征（见图 5.31(b)中 D 所指）。同时，在断口上存在大量明显的韧窝，在大韧窝的内部或周围存在许多小韧窝。滑移分离和韧窝属于典型的韧性断口。

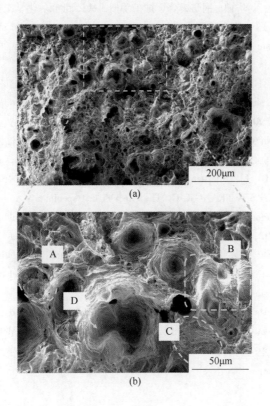

图 5.31 固溶处理 (680℃-75min) 后 CuSn10P1 合金轴套拉伸断口形貌

参 考 文 献

[1] 肖恩奎. 铜锡合金铸件的反偏析 [J]. 特种铸造及有色合金, 1987(2): 7-10, 21.

[2] 肖寒, 陈泽邦, 陆常翁, 等. 半固态挤压铸造 ZCuSn10P1 铜合金的组织演变 [J]. 材料热处理学报, 2015, 36(12): 60-64.

[3] 张树国, 杨湘杰, 郭洪民, 等. 薄壁盘类件流变挤压铸造组织与性能分析 [J]. 特种铸造及有色合金, 2013, 33(5): 400-402.

[4] 李伟东, 陈和兴, 王顺成, 等. 工艺参数对半固态挤压铸造 A356 合金组织与性能的影响 [J]. 特种铸造及有色合金, 2012, 32(7): 611-614.

[5] 郭辉, 陈体军, 许海铎, 等. 压力和压头速度对挤压铸造 AZ63H 镁合金组织和性能的影响 [J]. 特种铸造及有色合金, 2014, 34(2): 158-162.

[6] 齐丕骧. 对压力下结晶形核率的理论计算 [J]. 金属学报, 1984, 20(6): 465-470.

[7] ARCHARD J F. Contact and rubbing of flat surfaces [J]. Journal of Applied Physics, 1953, 24 (9): 981-988.

[8] 温诗铸, 黄平. 摩擦学原理 [M]. 北京: 清华大学出版社, 2002.

[9] 刘培兴, 刘晓瑭, 刘华鼐. 铜与铜合金加工手册 [M]. 北京: 化学工业出版社, 2008.

[10] LIU X F, LUO J H, WANG X C. Surface quality, microstructure and mechanical properties of Cu-Sn alloy plate prepared by two-phase zone continuous casting [J]. Transactions of Nonferrous Metals Society of China, 2015, 25(6): 1901-1910.

[11] KUMAR T S S, HEGDE M S. Surface segregation and oxidation studies of Cu-Sn and Cu-Pd alloys by X-ray photoelectron and auger spectroscopy [J]. Applications of Surface Science, 1985, 20(3): 290-306.

[12] 刘永平. Cu-9Ni-6Sn 弹性铜合金的组织及性能研究 [D]. 江西: 江西理工大学, 2008.

[13] LI Y D, MA Y, CHEN T J, et al. Effects of processing parameters on thixofor-mability and defects of AZ91D [J]. International Journal of Modern Physics B, 2006, 20(3): 3680-3685.

[14] SEO P K, YOUN S W, KANG C G. The effect of test specimen size and strain-rate on liquid segregation in deformation behavior of mushy state material [J]. Journal of Materials Processing Technology, 2002, 130(12): 551-557.

[15] KIM H H, LEE S M, KANG C G. Reduction in liquid segregation and microstructure improvement in a semisolid die casting process by varying injection velocity [J]. Metallurgical and Materials Transactions B, 2011, 42(1): 156-170.

[16] CHEN G, ZHOU T, WANG B, et al. Microstructure evolution and segregation behavior of thixoformed A1-Cu-Mg-Mn alloy [J]. Transactions of Nonferrous Metals Society of China, 2016, 26(1): 39-50.